湖北五峰后河国家级自然保护区科考丛书

湖北五峰后河国家级自然保护区昆虫图谱

栾晓峰　王业清　主编

中国林业出版社
China Forestry Publishing House

图书在版编目（CIP）数据

湖北五峰后河国家级自然保护区昆虫图谱 / 栾晓峰，王业清主编. -- 北京：中国林业出版社，2023.12

（湖北五峰后河国家级自然保护区科考丛书）

ISBN 978-7-5219-2462-6

Ⅰ.①湖⋯ Ⅱ.①栾⋯②王⋯ Ⅲ.①自然保护区—昆虫—湖北—图谱 Ⅳ.①Q968.226.3-64

中国国家版本馆CIP数据核字(2023)第235661号

策划编辑：肖　静
责任编辑：葛宝庆　肖　静
装帧设计：北京八度出版服务机构
——————————————
出版发行：中国林业出版社
　　　　　（100009，北京市西城区刘海胡同7号，电话83143577）
电子邮箱：cfphzbs@163.com
网址：www.forestry.gov.cn/lycb.html
印刷：河北京平诚乾印刷有限公司
版次：2023年12月第1版
印次：2023年12月第1次
开本：787mm×1092mm　1/16
印张：24.75
字数：420千字
定价：210.00元

编辑委员会

主　编　栾晓峰　王业清

副主编　程玉芬　黄祥丰　张　娥　王利明

编　委（按姓名汉语拼音排序）

陈　岑　程玉芬　邓长胜　邓　昊　邓　权　盖　翊　龚仁琥
黄德枚　黄祥丰　刘　芳　刘建华　刘　琼　栾晓峰　毛业勇
聂才爱　王利明　王庆怡　王业清　王永超　王永来　王子池
向明贵　向明喜　许海波　薛　锋　杨　林　杨文超　增凡焌
张　娥　张国锋　张培毅　朱晓琴　左　杰

摄影者（按姓名汉语拼音排序）

程玉芬　盖　翊　何　平　栾晓峰　毛业勇　聂才爱　王庆怡
王业清　王子池　向明贵　许海波　张　娥　张国锋

学术支持单位

北京林业大学

中国林业科学研究院森林生态环境与自然保护研究所

编辑指导单位

湖北省林业局自然保护地管理处

湖北省林业局野生动植物与湿地保护管理处

湖北省野生动植物保护总站

宜昌市林业和园林局

内容简介

据调查，湖北五峰后河国家级自然保护区鉴定到种的昆虫有19目218科1964属2476种，本书记述了常见昆虫11目95科357种。每个物种均有形态特征、生活习性、保护等级、分布情况等文字信息，并配有其在自然小生境中的彩色生态照片。本书的前言对湖北五峰后河国家级自然保护区自然状况做了简要介绍，以便读者对该保护区昆虫的生态条件有基本的了解；对昆虫的范畴和特点作了简要论述，以便读者对本书所包括的昆虫有准确的理解；对昆虫标本采集和鉴定方法要点进行了简要解释及描述，以便读者能够高效、正确地收集昆虫标本。书中后文附有全部物种的中文名索引和学名索引，以便读者快速查询。

本书可供生物学、生态学、林学及生物多样性保护等专业的师生学习和研究时参考，也可作为昆虫爱好者、研究者的参考资料。

前言

昆虫是地球上最多样化和最丰富的动物群，它们几乎无处不在，从极地到热带，从海洋到高山，从草原到森林都有它们的身影。它们有着各种各样的形态、颜色、行为和适应能力，让人目不暇接，叹为观止。它们也是生态系统中不可或缺的一员，为其他生物提供食物、授粉、分解等多种服务。每一种昆虫都在地球生态系统中发挥着重要作用，即使只有少数物种的丧失也可能对生物多样性产生毁灭性影响。然而，昆虫也面临着许多威胁，如气候变化、环境污染、生境破坏、物种入侵等，都会导致它们的数量和多样性下降。因此，认识昆虫，不仅可以增进我们对自然界的认识和欣赏，也可以帮助我们保护和恢复这些微小而奇妙的种群。

湖北五峰后河国家级自然保护区生物资源十分丰富，是众多珍稀、濒危野生动植物物种的天然集中分布区域。编写本书，一方面可进一步拓展和丰富湖北五峰后河国家级自然保护区生物多样性基础数据资料，同时也为我国其他自然保护区昆虫多样性的调查提供参考依据，另一方面也帮助读者充分认识和了解美丽的湖北五峰后河国家级自然保护区丰富的昆虫生物多样性资源，增强其人与大自然和谐共处、共建生命共同体的意识。

本书得到编研出版《湖北五峰后河国家级自然保护区昆虫图谱》项目资助。

编辑委员会
2023 年 11 月

使用说明

1. 本书收集了湖北五峰后河国家级自然保护区内分布的常见昆虫种类，并对每个物种的形态特征、生活习性、保护等级和分布情况等信息进行详细说明。

2. 本书按照全球生物多样性信息服务网络平台（GBIF）昆虫分类体系进行了分类，分出了常见的目、科和种，并附有学名。

3. 本书为昆虫做了配图，这些图片均真实反映了该物种在湖北五峰后河国家级自然保护区野外生存的自然状态，有助于读者了解该物种的生活环境。

4. 为节省篇幅，没有列出物种的异名、俗名、地方名。

5. 对于书中物种的查询方法，可以采用类群检索法或名称检索法。如果读者已知某种昆虫所在的目和科，可在目录中找到该目或该科，循目和科的顺序逐页查询物种。如果读者已知某种昆虫的学名或者中文名，可以从书末的学名索引或中文名索引中查出该种昆虫介绍和图片所在的页码。

目录

内容简介
前　言
使用说明

第一章　湖北五峰后河国家级自然保护区基本概况 // 001
第二章　什么是昆虫 // 005
第三章　昆虫标本的采制与鉴定 // 009
第四章　湖北五峰后河国家级自然保护区常见昆虫 // 017

蜻蜓目 Odonata
蜻科 Libellulidae
白尾灰蜻 *Orthetrum albistylum* // 018
异色灰蜻 *Orthetrum melania* // 019
黄蜻 *Pantala flavescens* // 020
溪蟌科 Euphaeidae
方带溪蟌 *Euphaea decorata* // 021
蟌科 Coenagrionidae
长尾黄蟌 *Ceriagrion fallax* // 022
扇蟌科 Platycnemididae
黄纹长腹扇蟌 *Coeliccia cyanomelas* // 023
毛拟狭扇蟌 *Pseudocopera ciliata* // 024
叶足扇蟌 *Platycnemis phyllopoda* // 025

蜚蠊目 Blattaria
蜚蠊科 Blattidae
黑胸大蠊 *Periplaneta fuliginosa* // 026

螳螂目 Mantodea
螳科 Mantidae
中华斧螳 *Hierodula chinensis* // 027
小丝螳科 Leptomantellidae
越南小丝螳 *Leptomantella tonkinae* // 028
瓣足螳科 Hymenopodidae
丽眼斑螳 *Creobroter gemmatus* // 029

直翅目 Orthoptera
蝼蛄科 Gryllotalpidae
东方蝼蛄 *Gryllotalpa orientalis* // 030
蟋蟀科 Gryllidae
梨片蟋 *Truljalia hibinonis* // 031
蛉蟋科 Trigonidiidae
虎甲蛉蟋 *Trigonidium cicindeloides* // 032

蚤蝼科 Tridactylidae
日本蚤蝼 *Xya japonica* // 033
螽斯科 Tettigoniidae
歧尾鼓鸣螽 *Bulbistridulous furcatus* // 034
黑角露螽 *Phaneroptera nigroantennata* // 035
截叶糙颈螽 *Ruidocollaris truncatolobata* // 036
绿背覆翅螽 *Tegra novaehollandiae* // 037
蝗科 Acrididae
山稻蝗 *Oxya agavisa* // 038
比氏蹦蝗 *Sinopodisma pieli* // 039
东方凸额蝗 *Traulia orientalis* // 040
短角外斑腿蝗 *Xenocatantops brachycerus* // 041
大斑外斑腿蝗 *Xenocatantops humilis* // 042
枕蜢科 Episactidae
奥科特比蜢 *Pielomastax octavii* // 043

半翅目 Hemiptera
蝎蝽科 Nepidae
长壮蝎蝽 *Laccotrephes pfeiferiae* // 044
猎蝽科 Reduviidae
疣突素猎蝽 *Epidaus tuberosus* // 045
双刺胸猎蝽 *Pygolampis bidentata* // 046
红缘猛猎蝽 *Sphedanolestes gularis* // 047
环斑猛猎蝽 *Sphedanolestes impressicollis* // 048
赭缘犀猎蝽 *Sycanus marginatus* // 049
中国螳瘤猎蝽 *Cnizocoris sinensis* // 050
盲蝽科 Miridae
三环苜蓿盲蝽 *Adelphocoris triannulatus* // 051

狭领纹唇盲蝽 Charagochilus angusticollis // 052
长角纹唇盲蝽 Charagochilus longicornis // 053
美丽毛盾盲蝽 Onomaus lautus // 054

姬缘蝽科 Rhopalidae
开环缘蝽 Stictopleurus minutus // 055
褐伊缘蝽 Rhopalus sapporensis // 056

同蝽科 Acanthosomatidae
宽铗同蝽 Acanthosoma labiduroides // 057
伊锥同蝽 Sastragala esakii // 058

兜蝽科 Dinidoridae
细角瓜蝽 Megymenum gracilicorne // 059

蝽科 Pentatomidae
红角辉蝽 Carbula crassiventris // 060
北方辉蝽 Carbula putoni // 061
削疣蝽 Cazira frivaldskyi // 062
峰疣蝽 Cazira horvathi // 063
中华岱蝽 Dalpada cinctipes // 064
斑须蝽 Dolycoris baccarum // 065
菜蝽 Eurydema dominulus // 066
茶翅蝽 Halyomorpha halys // 067
红玉蝽 Hoplistodera pulchra // 068
点蝽 Tolumnia latipes // 069
尖角普蝽 Priassus spiniger // 070
宽碧蝽 Palomena viridissima // 071
弯角蝽 Lelia decempunctata // 072
紫蓝曼蝽 Menida violacea // 073

龟蝽科 Plataspidae
双列圆龟蝽 Coptosoma bifarium // 074

盾蝽科 Scutelleridae
金绿宽盾蝽 Poecilocoris lewisi // 075
桑宽盾蝽 Poecilocoris druraei // 076
亮盾蝽 Lamprocoris roylii // 077

荔蝽科 Tessaratomidae
巨蝽 Eusthenes robustus // 078

异尾蝽科 Urostylididae
红足壮异蝽 Urochela quadrinotata // 079

跷蝽科 Berytidae
突肩跷蝽 Metatropis gibbicollis // 080

地长蝽科 Rhyparochromidae
东亚毛肩长蝽 Neolethaeus dallasi // 081

大红蝽科 Largidae
突背斑红蝽 Physopelta gutta // 082

四斑红蝽 Physopelta quadriguttata // 083

缘蝽科 Coreidae
瘤缘蝽 Acanthocoris scaber // 084
宽棘缘蝽 Cletus schmidti // 085
广腹同缘蝽 Homoeocerus dilatatus // 086
纹须同缘蝽 Homoeocerus striicornis // 087
一点同缘蝽 Homoeocerus unipunctatus // 088
环胫黑缘蝽 Hygia lativentris // 089
月肩莫缘蝽 Molipteryx lunata // 090
褐莫缘蝽 Molipteryx fuliginosa // 091

蛛缘蝽科 Alydidae
大稻缘蝽 Leptocorisa acuta // 092
点蜂缘蝽 Riptortus pedestris // 093

网蝽科 Tingidae
粗角网蝽 Copium japonicum // 094
悬铃木方翅网蝽 Corythucha ciliata // 095

叶蝉科 Cicadellidae
阿凹大叶蝉 Bothrogonia addita // 096
黄面横脊叶蝉 Evacanthus interruptus // 097
橙带突额叶蝉 Gunungidia aurantiifasciata // 098
窗耳叶蝉 Ledra auditura // 099

广翅蜡蝉科 Ricaniidae
白斑宽广翅蜡蝉 Pochazia albomaculata // 100
丽纹广翅蜡蝉 Ricanula pulverosa // 101

蜡蝉科 Fulgoridae
斑衣蜡蝉 Lycorma delicatula // 102

蛾蜡蝉科 Flatidae
褐缘蛾蜡蝉 Salurnis marginella // 103

象蜡蝉科 Dictyopharidae
瘤鼻象蜡蝉 Saigona fulgoroides // 104

沫蝉科 Cercopidae
斑带丽沫蝉 Cosmoscarta bispecularis // 105
紫胸丽沫蝉 Cosmoscarta exultans // 106
橘红丽沫蝉 Cosmoscarta mandarina // 107
黑斑丽沫蝉 Cosmoscarta dorsimacula // 108

尖胸沫蝉科 Aphrophoridae
四斑象沫蝉 Philagra quadrimaculata // 109

角蝉科 Membracidae
白胸三刺角蝉 Tricentrus allabens // 110

蝉科 Cicadidae
斑蝉 Gaeana maculata // 111
斑透翅蝉 Hyalessa maculaticollis // 112

蟪蛄 *Platypleura kaempferi* // 113
程氏网翅蝉 *Polyneura cheni* // 114

脉翅目 Neuroptera
螳蛉科 Mantispidae
黄基东螳蛉 *Orientispa flavacoxa* // 115

广翅目 Megaloptera
齿蛉科 Corydalidae
花边星齿蛉 *Protohermes costalis* // 116

鞘翅目 Coleoptera
步甲科 Carabidae
琉璃突眼虎甲 *Therates fruhstorferi* // 117
金斑虎甲 *Cosmodela aurulenta* // 118
拉步甲 *Carabus lafossei* // 119
双斑青步甲 *Chlaenius bioculatus* // 120
星斑虎甲 *Cylindera kaleea* // 121
耶屁步甲 *Pheropsophus jessoensis* // 122
中华虎甲 *Cicindela chinensis* // 123
蠋步甲 *Dolichus halensis* // 124

隐翅虫科 Staphylinidae
梭毒隐翅虫 *Paederus fuscipes* // 125
黑负葬甲 *Nicrophorus concolor* // 126
黄角尸葬甲 *Necrodes littoralis* // 127
尼泊尔覆葬甲 *Nicrophorus nepalensis* // 128

锹甲科 Lucanidae
黯环锹 *Cyclommatus scutellaris* // 129
斑股锹甲（华北亚种）*Lucanus maculifemoratus dybowskyi* // 130
两点赤锯锹 *Prosopocoilus astacoides blanchardi* // 131
中华扁锹甲 *Serrognathus titanus platymelus* // 132

金龟科 Scarabaeidae
短毛斑金龟 *Lasiotrichius succinctus* // 133
台湾绒金龟 *Maladera formosae* // 134
曲带弧丽金龟 *Popillia pustulata* // 135
光沟异丽金龟 *Anomala laevisulcata* // 136
蓝边矛丽金龟 *Callistethus plagiicollis* // 137
棉花弧丽金龟 *Popilla mutans* // 138
棕脊头鳃金龟 *Miridiba castanea* // 139

叩甲科 Elateridae
泥红槽缝叩甲 *Agrypnus argillaceus* // 140
朱肩丽叩甲 *Campsosternus gemma* // 141

花萤科 Cantharidae
华丽花萤 *Themus regalis* // 142

吉丁虫科 Buprestidae
彩虹吉丁 *Chrysochroa fulgidissima* // 143
黄胸圆纹吉丁 *Coraebus sauteri* // 144
铜胸纹吉丁 *Coraebus cloueti* // 145
柳树潜吉丁 *Trachys minutus* // 146

囊花萤科 Malachiidae
橙带肿角拟花萤 *Intybia kishiii* // 147

萤科 Lampyridae
赤腹梣角萤 *Vesta impressicollis* // 148
红胸窗萤 *Pyrocoelia formosana* // 149
弦月窗萤 *Pyrocoelia lunata* // 150
大端黑萤 *Abscondita anceyi* // 151

大蕈甲科 Erotylidae
三斑特拟叩甲 *Tetraphala collaris* // 152

瓢虫科 Coccinellidae
六斑异瓢虫 *Aiolocaria hexaspilota* // 153
异色瓢虫 *Harmonia axyridis* // 154
菱斑食植瓢虫 *Epilachna insignis* // 155

伪瓢虫科 Endomychidae
四斑原伪瓢虫 *Eumorphus quadriguttatus* // 156

芫菁科 Meloidae
红头豆芫菁 *Epicauta ruficeps* // 157

天牛科 Cerambycidae
八星粉天牛 *Olenecamptus octopustulatus* // 158
桑树黄星天牛 *Psacothea hilaris* // 159
紫艳白星大天牛 *Anoplophora albopicta* // 160
暗翅筒天牛 *Oberea fuscipennis* // 161
六斑绿虎天牛 *Chlorophorus simillimus* // 162
苜蓿多节天牛 *Agapanthia amurensis* // 163
山茶连突天牛 *Anastathes parva* // 164
松墨天牛 *Monochamus alternatus* // 165
桃红颈天牛 *Aromia bungii* // 166
眼斑齿胫天牛 *Paraleprodera diophthalma* // 167
樱红肿角天牛 *Neocerambyx oenochrous* // 168
中华柄天牛 *Aphrodisium sinicum* // 169
苎麻双脊天牛 *Paraglenea fortunei* // 170
黑角瘤筒天牛 *Linda atricornis* // 171
拟蜡天牛 *Stenygrinum quadrinotatum* // 172

叶甲科 Chrysomelidae
百合负泥虫 *Lilioceris lilii* // 173

黑额光叶甲 *Physosmaragdina nigrifrons* // 174
黑长头肖叶甲 *Fidia atra* // 175
金梳龟甲 *Aspidimorpha sanctaecrucis* // 176
无斑叶甲 *Chrysomela collaris* // 177
甘薯蜡龟甲 *Laccoptera nepalensis* // 178
蒿龟甲 *Cassida fuscorufa* // 179
锯齿叉趾铁甲 *Dactylispa angulosa* // 180
朗短椭龟甲 *Glyphocassis lepida* // 181
绿缘扁角叶甲 *Platycorynus parryi* // 182
银纹毛肖叶甲 *Trichochrysea japana* // 183
黄腹拟大萤叶甲 *Meristoides grandipennis* // 184
陈氏分爪负泥虫 *Lilioceris cheni* // 185
钩殊角萤叶甲 *Agetocera deformicornis* // 186
蒿金叶甲 *Chrysolina aurichalcea* // 187
黑条波萤叶甲 *Brachyphora nigrovittata* // 188
黑足黑守瓜 *Aulacophora nigripennis* // 189
黄色凹缘跳甲 *Podontia lutea* // 190
蓝翅瓢萤叶甲 *Oides bowringii* // 191
蓝胸圆肩叶甲 *Humba cyanicollis* // 192
日榕萤叶甲 *Morphosphaera japonica* // 193
桑窝额萤叶甲 *Fleutiauxia armata* // 194
十三斑角胫叶甲 *Gonioctena tredecimmaculata* // 195
黑跗瓢萤叶甲 *Oides tarsata* // 196
双斑长跗萤叶甲 *Monolepta signata* // 197

卷叶象甲 Attelabidae
大须喙象 *Henicolabus giganteus* // 198

象甲科 Curculionidae
淡灰瘤象 *Dermatoxenus caesicollis* // 199
鸟粪象鼻虫 *Sternuchopsis trifida* // 200
中国癞象 *Episomus chinensis* // 201

双翅目 Diptera
缟蝇科 Lauxaniidae
长羽瘤黑缟蝇 *Minettia longipennis* // 202

食蚜蝇科 Syrphidae
灰带管蚜蝇 *Eristalis cerealis* // 203
长尾管蚜蝇 *Eristalis tenax* // 204
狭带条胸蚜蝇 *Helophilus eristaloidea* // 205
方斑墨蚜蝇 *Melanostoma mellinum* // 206
羽芒宽盾蚜蝇 *Phytomia zonata* // 207
东方粗股蚜蝇 *Syritta orientalis* // 208
黄环粗股蚜蝇 *Syritta pipiens* // 209

丽蝇科 Calliphoridae
大头金蝇 *Chrysomya megacephala* // 210

麻蝇科 Sarcophagidae
肉食麻蝇 *Sarcophaga carnaria* // 211

蝇科 Muscidae
斑纹蝇 *Graphomya maculata* // 212

鳞翅目 Lepidoptera
卷蛾科 Tortricidae
豹大蚕蛾 *Loepa oberthuri* // 213
豹裳卷蛾 *Cerace xanthocosma* // 214

刺蛾科 Limacodidae
漪刺蛾 *Iraga rugosa* // 215
光眉刺蛾 *Narosa fulgens* // 216
梨娜刺蛾 *Narosoideus flavidorsalis* // 217
丽绿刺蛾 *Parasa lepida* // 218
桑褐刺蛾 *Setora postornata* // 219
闪银纹刺蛾 *Miresa fulgida* // 220

螟蛾科 Pyralidae
艳双点螟 *Orybina regalis* // 221
白带网丛螟 *Teliphasa albifusa* // 222

草螟科 Crambidae
黄纹银草螟 *Pseudargyria interruptella* // 223
白蜡绢须野螟 *Palpita nigropunctalis* // 224
橙黑纹野螟 *Tyspanodes striata* // 225
大黄缀叶野螟 *Botyodes principalis* // 226
豆荚野螟 *Maruca vitrata* // 227
芬氏羚野螟 *Pseudebulea fentoni* // 228
桃蛀螟 *Conogethes punctiferalis* // 229
稻纵卷叶螟 *Cnaphalocrocis medinalis* // 230
台湾卷叶野螟 *Syllepte taiwanalis* // 231

尺蛾科 Geometridae
中国枯叶尺蛾 *Gandaritis sinicaria* // 232
琉璃尺蛾 *Krananda lucidaria* // 233
中国虎尺蛾 *Xanthabraxas hemionata* // 234
白珠鲁尺蛾 *Amblychia angeronaria* // 235
彩青尺蛾 *Eucyclodes gavissima* // 236
褐缺口尺蛾 *Fascellina chromataria* // 237
黄基粉尺蛾 *Pingasa ruginaria* // 238
洁尺蛾 *Tyloptera bella* // 239
木橑尺蛾 *Biston panterinaria* // 240
青辐射尺蛾 *Iotaphora admirabilis* // 241
双云尺蛾 *Biston comitata* // 242

雪尾尺蛾 *Ourapteryx nivea* // 243
玉臂黑尺蛾 *Xandrames dholaria* // 244
大斑豹纹尺蛾 *Epobeidia tigrata* // 245
灰绿片尺蛾 *Fascellina plagiata* // 246

钩蛾科 Drepanidae
短铃钩蛾 *Macrocilix mysticata* // 247
栎距钩蛾 *Agnidra scabiosa* // 248
三线钩蛾 *Pseudalbara parvula* // 249
洋麻圆钩蛾 *Cyclidia substigmaria* // 250

燕蛾科 Uraniidae
大燕蛾 *Lyssa zampa* // 251

凤蛾科 Epicopeiidae
浅翅凤蛾 *Epicopeia hainesi* // 252

枯叶蛾科 Lasiocampidae
大斑尖枯叶蛾 *Metanastria hyrtaca* // 253
栎黄枯叶蛾 *Trabala vishnou* // 254
橘褐枯叶蛾 *Gastropacha pardale* // 255
松栎枯叶蛾 *Paralebeda plagifera* // 256

带蛾科 Eupterotidae
褐带蛾 *Palirisa cervina* // 257

天蚕蛾科 Saturniidae
王氏樗蚕蛾 *Samia wangi* // 258
柞蚕 *Antheraea pernyi* // 259

箩纹蛾科 Brahmaeidae
枯球箩纹蛾 *Brahmaea wallichii* // 260

天蛾科 Sphingidae
条背天蛾 *Cechenena lineosa* // 261
大背天蛾 *Notonagemia analis* // 262
姬缺角天蛾 *Acosmeryx anceus* // 263
鹰翅天蛾 *Ambulyx ochracea* // 264
桃天蛾 *Marumba gaschkewitschii* // 265
榆绿天蛾 *Callambulyx tatarinovi* // 266
缺角天蛾 *Acosmeryx castanea* // 267

舟蛾科 Notodontidae
辛氏星舟蛾 *Euhampsonia sinjaevi* // 268
锦舟蛾 *Ginshachia elongata* // 269
云舟蛾 *Neopheosia fasciata* // 270
肖剑心银斑舟蛾 *Tarsolepis japonica* // 271
核桃美舟蛾 *Uropyia meticulodina* // 272
黑蕊舟蛾 *Dudusa sphingiformis* // 273
银二星舟蛾 *Euhampsonia splendida* // 274

瘤蛾科 Nolidae
胡桃豹夜蛾 *Sinna extrema* // 275
太平粉翠夜蛾 *Hylophilodes tsukusensis* // 276
洼皮瘤蛾 *Nolathripa lactaria* // 277
旋夜蛾 *Eligma narcissus* // 278

夜蛾科 Noctuidae
丹日明夜蛾 *Sphragifera sigillata* // 279
黄修虎蛾 *Sarbanissa flavida* // 280
金掌夜蛾 *Tiracola aureata* // 281
淡银纹夜蛾 *Macdunnoughia purissima* // 282
红晕散纹夜蛾 *Callopistria repleta* // 283
选彩虎蛾 *Episteme lectrix* // 284
白条夜蛾 *Ctenoplusia albostriata* // 285

尾夜蛾科 Euteliidae
折纹殿尾夜蛾 *Anuga multiplicans* // 286

目夜蛾科 Erebidae
褐带东灯蛾 *Eospilarctia lewisii* // 287
黄斜带毒蛾 *Numenes disparilis* // 288
闪光苔蛾 *Chrysaeglia magnifica* // 289
翎壶夜蛾 *Calyptra gruesa* // 290
三斑蕊夜蛾 *Cymatophoropsis trimaculata* // 291
霉巾夜蛾 *Parallelia maturata* // 292
超桥夜蛾 *Rusicada fulvida* // 293
环夜蛾 *Spirama retorta* // 294
白肾夜蛾 *Edessena gentiusalis* // 295
白线篦夜蛾 *Episparis liturata* // 296
毛魔目夜蛾 *Erebus pilosa* // 297
绕环夜蛾 *Spirama helicina* // 298

凤蝶科 Papilionidae
宽带美凤蝶 *Papilio nephelus* // 299
巴黎翠凤蝶 *Papilio paris* // 300
碧凤蝶 *Papilio bianor* // 301
柑橘凤蝶 *Papilio xuthus* // 302
金裳凤蝶 *Troides aeacus* // 303
宽带青凤蝶 *Graphium cloanthus* // 304
黎氏青凤蝶 *Graphium leechi* // 305
青凤蝶 *Graphium sarpedon* // 306
玉斑凤蝶 *Papilio helenus* // 307
金凤蝶 *Papilio machaon* // 308

粉蝶科 Pieridae
橙黄豆粉蝶 *Colias fieldii* // 309
大翅绢粉蝶 *Aporia largeteaui* // 310

东方菜粉蝶 *Pieris canidia* // 311
黑纹粉蝶 *Pieris melete* // 312
圆翅钩粉蝶 *Gonepteryx amintha* // 313
倍林斑粉蝶 *Delias berinda* // 314

蛱蝶科 Nymphalidae
虎斑蝶 *Danaus genutia* // 315
箭环蝶 *Stichophthalma howqua* // 316
绿豹蛱蝶 *Argynnis paphia* // 317
断眉线蛱蝶 *Limenitis doerriesi* // 318
阿环蛱蝶 *Neptis ananta* // 319
傲白蛱蝶 *Helcyra superba* // 320
白斑俳蛱蝶 *Parasarpa albomaculata* // 321
残锷线蛱蝶 *Limenitis sulpitia* // 322
翠蓝眼蛱蝶 *Junonia orithya* // 323
大二尾蛱蝶 *Polyura eudamippus* // 324
大红蛱蝶 *Vanessa indica* // 325
大紫蛱蝶 *Sasakia charonda* // 326
二尾蛱蝶 *Polyura narcaea* // 327
斐豹蛱蝶 *Argyreus hyperbius* // 328
黑绢斑蝶 *Parantica melaneus* // 329
黑脉蛱蝶 *Hestina assimilis* // 330
黄帅蛱蝶 *Sephisa princeps* // 331
灰翅串珠环蝶 *Faunis aerope* // 332
嘉翠蛱蝶 *Euthalia kardama* // 333
卡环蛱蝶 *Neptis cartica* // 334
枯叶蛱蝶 *Kallima inachus* // 335
连纹黛眼蝶 *Lethe syrcis* // 336
链环蛱蝶 *Neptis pryeri* // 337
拟斑脉蛱蝶 *Hestina persimilis* // 338
朴喙蝶 *Libythea lepita* // 339
虬眉带蛱蝶 *Athyma opalina* // 340
曲纹蜘蛱蝶 *Araschnia doris* // 341
散纹盛蛱蝶 *Symbrenthia lilaea* // 342
丝链荫眼蝶 *Neope yama* // 343
小红蛱蝶 *Vanessa cardui* // 344
小环蛱蝶 *Neptis sappho* // 345
秀蛱蝶 *Pseudergolis wedah* // 346
扬眉线蛱蝶 *Limenitis helmanni* // 347
玉杵带蛱蝶 *Athyma jina* // 348
白斑眼蝶 *Penthema adelma* // 349
玉带黛眼蝶 *Lethe verma* // 350
圆翅黛眼蝶 *Lethe butleri* // 351
娑环蛱蝶 *Neptis soma* // 352

蚬蝶科 Riodinidae
白带褐蚬蝶 *Abisara fylloides* // 353
波蚬蝶 *Zemeros flegyas* // 354

灰蝶科 Lycaenidae
波太玄灰蝶 *Tongeia potanini* // 355
尖翅银灰蝶 *Curetis acuta* // 356
蓝灰蝶 *Cupido argiades* // 357
莎菲彩灰蝶 *Heliophorus saphir* // 358
酢浆灰蝶 *Pseudozizeeria maha* // 359
点玄灰蝶 *Tongeia filicaudis* // 360

弄蝶科 Hesperiidae
白弄蝶 *Abraximorpha davidii* // 361
黑弄蝶 *Daimio tethys* // 362
曲纹袖弄蝶 *Notocrypta curvifascia* // 363
梳翅弄蝶 *Ctenoptilum vasava* // 364
旖弄蝶 *Isoteinon lamprospilus* // 365
直纹稻弄蝶 *Parnara guttata* // 366

膜翅目 Hymenoptera
蚁科 Formicidae
叶形多刺蚁 *Polyrhachis lamellidens* // 367
山大齿猛蚁 *Odontomachus monticola* // 368

胡蜂科 Vespidae
印度侧异腹胡蜂 *Parapolybia indica* // 369
金环胡蜂 *Vespa mandarinia* // 370

蜾蠃科 Eumenidae
斯马蜂 *Polistes snelleni* // 371

蜜蜂科 Apidae
中华蜜蜂 *Apis cerana* // 372

隧蜂科 Halictidae
铜色隧蜂 *Halictus aerarius* // 373

泥蜂科 Sphecidae
驼腹壁泥蜂 *Sceliphron deforme* // 374

参考文献 // 375
中文名索引 // 377
学名索引 // 380

第一章

湖北五峰后河国家级自然保护区基本概况

湖北五峰后河国家级自然保护区（以下简称"后河保护区"）位于湖北西南部五峰土家族自治县境内，武陵山脉的东北部，地处湘鄂两省分界线，总面积10340hm²，主要以保护中亚热带森林生态系统和珍稀濒危野生动植物及其栖息地为主。

后河保护区生物资源十分丰富，是珍稀、濒危野生动植物物种的天然集中分布区域。区内山高谷深，地势南北高、东西低，南部群峰并立，海拔1800m以上的山峰多达14座，最高峰独岭海拔2252.2m，为武陵山脉东北支脉的最高峰；最低点在百溪河谷，海拔398.5m。起伏的山地和谷地、深切峡谷、各类岩溶地貌、高耸的孤峰造就了后河保护区独特的地质地貌，同时也影响着后河保护区物种分布样貌。

现已查明，后河保护区有野生维管束植物3307种，其中，珙桐、红豆杉、长果安息香等国家重点保护植物76种，陆生野生脊椎动物417种，其中，林麝、豹、金雕等国家重点保护动物66种，是中国特有物种集中分布区之一。后河保护区珙桐、红豆杉、水丝梨、巴山松、长果安息香等五大古树群落闻名于世，其中，总面积在1500亩①以上的水丝梨群落，是目前国内已发现的面积最大、最集中、保存最完好的水丝梨古树群落。本次野外考察，共采集到昆虫标本12000余头，隶属于19目218科1964属2476种。其中，鳞翅目、鞘翅目、半翅目和膜翅目物种数较多，占后河保

---

① 1亩=1/15hm²，后同。

护区内昆虫种数的88.8%。后河保护区昆虫东洋成分占26.2%，古北成分占11.4%，广布成分占5.2%，东亚成分占57.2%。

自然保护区多样的地形地貌和植物多样性孕育了多样的昆虫资源。自20世纪50年代以来，在中央和湖北、四川省政府有关部门领导下，曾开展过多次有关害虫普查，先后整理出版过地区害虫名录，但有关后河保护区昆虫调查尚属首次。后河保护区本次昆虫调查历时6年，2017—2018年，调查小组分别在后河保护区百溪河（440~460m）、茅坪（1300~1400m）、香党坪（1780m）、小隧道（750m）、南山（636m）、界头（1163m）、风凉冲（1100m）、水库湾（1193m）、窑湾（1180m）、康家坪（1180m）、彭家沟（1160m）、核桃垭（1260m）、老屋场（980m）、核心区（1170m）、长坡（780m）、王家湾（435m）、刘家湾（1110m）、后河保护区林业队（1136m）等地运用灯诱、扫网等捕虫方法进行调查，共采集昆虫标本12000余头，鉴定出2476种，分别隶属于19目218科1964属。2023年7—9月，笔者以前期调查资料为基础，开展了补充调查，采集了大量昆虫生态图片。本书重点记录和介绍了后河保护区常见的昆虫种类。

第一章

什么是昆虫

昆虫是六足节肢动物，约有1000科、100万种。身体可分为3个区域：头部、胸部和腹部。昆虫头部长有触角、复眼、单眼或眼点以及根据饮食而改变的口器，是感觉和取食中心；其胸部分为3个体节，每一节都有1对足，2对翅，是运动中心；腹部包含大部分内脏与器官，是生殖和营养代谢的中心。昆虫的身体被防水的外骨骼覆盖，通过与气管系统连通的气孔进行呼吸。

昆虫生活在地面上和土壤内，植物表面和植物体内，水中、冰雪上、洞穴、房屋和矿山中，仓库和一切有机物质中，动植物尸体和排泄物上等，地球上几乎任何角落都有昆虫栖息，而且昆虫还能寄生在人和动物体内。有些昆虫既吃植物性食物，又吃动物性食物；吸血性昆虫靠刺吮人或动物的血液为生。大多数昆虫是雌雄异体，其繁殖通过体内受精的有性生殖或无性生殖进行。大部分昆虫仅有短短几天到几个月的生命，但也有些昆虫比较长寿。

昆虫是动物世界中个体数量最多的群体。古代一些地区制造了昆虫硬币等文物，许多艺术家也以昆虫命名作品或创作昆虫雕塑。昆虫对人类的生产生活和自然生态环境具有重要作用，包括生产蜂蜜、蚕丝和染料，控制农业害虫和改善土壤结构等。此外，部分昆虫可以被食用，但也有一些昆虫对人类有危害，如传播疾病和损害植物等。

昆虫的主要区分特征[①]**如下。**

1. 身体明显分为头、胸、腹3个部分。

2. 头部不分节，长有口器与1对触角。

3. 一般具备单眼和复眼。

4. 胸部作为运动中心，长有3对足。

5. 通常情况下，成虫会长有2对翅膀，但也有例外。

6. 腹部包含大部分内脏与器官，是生殖和营养代谢的中心。

7. 昆虫在成长过程中一般会经历一系列内、外形态的变化，即变态过程。

[①] 区分昆虫与蜘蛛、蜈蚣等其他节肢动物时，一般只需记住昆虫是"有3对足、2对翅，分头、胸、腹3部分的动物"就可以了。

第二章

昆虫标本的采制与鉴定

昆虫标本是昆虫分类研究的起点和基础。因此，标本的采集与制作便成为昆虫研究的基本技术。关于昆虫标本的采集、制作、保存的方法总结如下。

一、采集工具

（一）捕虫网

空网。用于捕捉空中飞动的昆虫，如蝶类、蛾类、蜻蜓等。空网由网袋、网杆、网圈组成。网袋宜用薄柔的细纱（如罗纱或蚊帐纱），颜色以白色或淡色为好，也可用尼龙纱巾自制。网杆可用木柄自做，牢固；市面上售的网杆用铝合金制成，长短可伸缩，但容易损坏。

扫网。其可用来捕捉栖息在低矮植物上或行株距间、临近地面或地上善跳的小型昆虫。扫网制作方法和空网大致相同，但网圈比一般空网略粗，网柄可适当短些，以利于操作。

水网。其是可用于捕捉水生昆虫的工具，为了减少水的阻力，网袋应选用透水性较强的铜纱网，以方便操作，网柄不易折断。

（二）采集袋

采集袋为帆布袋，装有指形管、毒瓶、浸泡液（甲醛、冰醋酸、甘油混合液浸幼虫标本）、三角纸、镊子、剪刀、放大镜、标本盒。毒瓶宜选用内质较好的磨砂广口玻璃瓶，瓶底用脱脂棉加毒剂铺好，上盖一层有孔硬直板或塑料板。毒剂可采用氨水、乙酸乙酯。可用甲醛、冰醋酸、甘油混合液浸幼虫标本。

二、采集方法

（一）网捕法

网捕法是用捕虫网采集的常用方法。主要是用来捕捉能飞、善跳的昆虫。对行动迅速的种类，不可操之过急。应先摸清昆虫飞动的规律，包括飞动的高度、速度、方向等，手握网柄，瞄准方位，待其飞入有效距离后，顺势举网挥捕。一旦昆虫入网，要立刻翻转网袋，把网底甩向网口，封住网口。然后，用手捏紧网口，摇晃网袋（将虫晃晕）。对于鳞翅目昆虫，需捏住虫胸使其致死，其余的可用毒瓶套住，隔网盖上盖子或用手捂住，待昆虫死亡即可。注意不要将鞘翅目昆虫和鳞翅目等有翅昆虫放入一个毒瓶内，否则其挣扎时会踩烂别的昆虫翅脉。

（二）振落法

某些昆虫停留在枝梢、树叶上的时候，往往不易发现，特别是有"拟态"的昆虫，因其与停留环境的颜色相同而不易发现。应先将白布铺在树下，敲击树枝将枝叶上的昆虫振落。

（三）诱集

诱蛾灯。 在夜晚时段，利用某些昆虫的趋光性，悬挂黑光灯或200W以上的白炽灯。灯下挂一白布，能诱取很多昆虫，如夜出性的蛾类、蝼蛄、蠡斯等，特别是闷热、无风、无月的夜晚，效果最好。

巴氏罐诱。 用一次性塑料水杯（高9cm、口径7.5cm）作为巴氏罐诱法容器，每块样地内设诱杯100～220个，3个杯子为1个引诱点，引诱点间隔约1m。引诱剂为醋、糖、医用酒精和水的混合物，重量比为2∶1∶1∶20，每个诱杯内放引诱剂40～60mL。放置诱杯的时间为11d左右，由于受气温、人为干扰程度、周围交通环境等因素的影响，巴氏罐诱虫时间变幅较大，最长诱虫时间可达14d，最短为2d（至少间隔1夜）。

性诱集。 利用昆虫性信息激素诱集昆虫。用于性引诱的诱物一般是雌性外激素。

（四）搜索法

许多昆虫的藏身之处不易被发觉，如叶子背面的网蝽、黑点蚧等，要仔细观察才能发现。偏湿的草堆也可能藏有步甲、蟋蟀、螳螂，应迅速抱起草堆放到白布上，层层拨开草堆，在白布上寻找昆虫。石块下面可能有甲虫，土层里也可能有蝼蛄、蛴螬、小地老虎幼虫等。一般被昆虫为害的植物都有被害状，若树干有洞眼或者树枝枯萎，树下有一堆木屑，则树枝里可能有天牛或吉丁虫的幼虫或锹甲和独角仙。

三、制作工具

（一）昆虫针

昆虫针由不锈钢制成，昆虫针的粗细由细到粗分为7种型号，依次为00、0、1、2、3、4、5号针，依昆虫标本大小不同，选定适合的昆虫针。例如，金龟子等可用5号虫针，中型蝴蝶用3号针，而小型蚊子用0号针。插针位置一般以插在昆虫中胸右侧为宜。直翅目从前胸背板后部背中线左侧，从上向下与虫体成直角插下。鳞翅目、蜻蜓目、膜翅目、双翅目昆虫，将针向中胸背板正中向下插入，通过二中胸足的中间穿出去。半翅目昆虫要将针在小盾片的中央偏右向下直插。鞘翅目昆虫要将针在右侧鞘翅的基部近小盾片附近，距鞘缝不远处直插下去。同翅目从中胸正中央向下直插。插针高度：虫到针的顶端约占针长的1/3。

（二）展翅板

展翅板用来固定昆虫翅膀，由较软的木料或泡沫塑料制成，长约33.33cm，两边的木条宽3.33cm，略微向内倾斜，其中一条可活动，以便调节板间缝的宽度。两板间的槽沟底部装软木条或泡沫塑料。展翅时，把已插针的标本（配套的昆虫针插在虫体相对应的位置）插在槽底软木板上，使中间的空隙与虫体相适应，然后将左右前翅向前拉。蝇类和蜂类以前翅的尖端与头相齐为准；鳞翅目的昆虫在左右前翅向前拉的基础上，将前翅的后缘与后翅的前缘拉在一条直线上，一般把前翅暂时固定在展翅板上，再拉后翅，后翅前缘压在前翅后缘下，同时要将足整理好，前足向前，中后足向后，触角沿前翅缘，且要求左右对称，充分展平。最后，再用塑料条将其压住，经大头针固定后，放于通风干燥的地方，以利于保存。

（三）整姿台

整姿台主要是一片软木或保利龙板，针插标本后，可将虫体各部位固定在整姿台上，使标本保持自然姿态，不让其卷曲。

（四）三级台

三级台由3块不同高度的木板组成。在各块木板中央，钻1个穿透的小孔，每级增高8mm。针插昆虫后，为维持昆虫在虫针上的高度，并使标签高度彼此一致，可将标本连虫针插入小孔，调整标本及虫签高度。做好标本后，放在标本盒内，保持整齐的高度。

（五）标签

为翔实记录标本资料，每一个标本必须要有一张标签。标签是由1.0cm×1.5cm的硬纸制成，称为虫签。虫签上必须准确记录采集时间、采集地点、寄主、采集者。

（六）其他工具

制作标本时还需要其他一些工具，如大头针、三角纸、镊子、剪刀等。

四、制作方法

采集回的昆虫要尽快做成标本，否则昆虫会腐烂生臭。做好的标本可以永久保存，既可供学术研究之用，又可存放在昆虫标本馆供参观展示之用。

（一）针插法

此种方法适用于体形较大、体表较坚硬的昆虫，也是最常见的一种标本制作方法。从野外采集回昆虫标本后，在标本还没干燥以前，先用昆虫针插在标本上并进行整姿或展翅等工作，等干燥后即可完成。

（二）微针及粘贴法

有些昆虫由于体形较小，使用普通的昆虫针无法将其插入虫体，此时就需要用更小的微针来插虫。先将微针插在小块的软木片上，再将普通昆虫针插在软木片上。若还有更小的昆虫，则可以采用加拿大树胶（中性树胶），将虫右侧中胸部分粘贴在小型三角纸的尖端，再用一般的昆虫针插三角纸。

（三）浸渍法

有些昆虫体表较为柔软，例如昆虫的幼虫，无法制成针插的干燥标本。此时，可将虫体浸泡在液体中。浸泡液通常是用甲醛和冰醋酸加少许甘油配制而成。

（四）玻片标本

玻片标本适用于体形极小的昆虫，必须用显微镜或放大镜观察昆虫的形态特征，如虱子、跳蚤、蚜虫等。先将采集的标本浸泡在10%氢氧化钾溶液中，将虫体的骨骼软化1d后再取出，用蒸馏水清洗，必要时以洋红等染剂进行染色，以利于观察。随后用50%、60%、70%、80%、90%、100%的酒精进行一系列的脱水，再用阿拉伯胶封片，干燥2～3周后即可。

五、种类鉴定

常用的昆虫鉴定方法有以下几种。

（一）外部形态鉴定法

首先是观察昆虫体形大小、身体颜色和形状特征，比较与已知种类的昆虫是否相似，然后注意观察昆虫的头部、胸部和腹部的特征，如触角、眼睛、腿和翅等，最后结合昆虫的生活习性和栖息环境进一步推断其可能属于的科、属、种。

（二）显微镜观察法

将昆虫标本放在显微镜下，调整合适的放大倍数，观察昆虫各个部位的细微结构，如触角、口气和翅膀纹理等，与已知昆虫种类进行比对，以确定昆虫的分类位置。

（三）生态习性观察法

在昆虫活动区域进行观察，记录其生活时间、食性、栖息地等生态习性特征，将其生态习性特征与已知昆虫种类的生态习性特征进行比对，以确定昆虫种类归属。

（四）专家咨询法

对于一些难以鉴定的昆虫种类，向专家咨询寻求帮助。专家根据丰富的经验和专业知识，通过综合分析昆虫的形态特征、生活习性等方面的信息，给出准确的鉴定结果。

六、保存方法

在昆虫标本鉴定到目、科、种后,昆虫标本的制作与鉴定已经大致就绪,最后要进行标本烘燥。一般在50℃的干燥温箱中烘烤1周左右即可,对于一些体形较大的昆虫或甲虫,为保证充分干燥,烘烤时间宜长些。

标本烘干后,即可放入标本盒中进行妥善保存。理想的标本盒四周应留有空隙,以便放置樟脑丸防止虫蛀。市场上有各种各样的标本盒,如针插标本盒、生活史标本盒等,应在盒内铺一层塑料泡沫,将标本插在泡沫中上保存。标本盒需放置于通风、干燥处保存。每一个标本代表一个昆虫的生命,应十分爱惜,合理保存,并善加利用。例如,通过昆虫标本可仔细观察昆虫的形态,并尝试进行分类或其他科学研究。

第四章

湖北五峰后河国家级自然保护区常见昆虫

白尾灰蜻 Orthetrum albistylum

白尾灰蜻 Orthetrum albistylum

[目] 蜻蜓目 Odonata

[科] 蜻科 Libellulidae

[形态特征] 成虫体长37.0～40.0mm，后翅长40.0～43.0mm。雄虫灰白色，覆白色粉被；额黄色，头顶黑色；胸部背面具2条黑色条纹，胸侧各具3条黑色斜纹；翅脉和翅痣黑色，翅端带小的烟色斑；足黑色；腹背两侧具黑色纵纹，末端4节黑色。雌虫黄色；腹背具不连续的黑褐斑，第7～9节几乎黑色，第10节白色。

[生活习性] 捕食摇蚊等小型昆虫。

[保护等级]《世界自然保护联盟濒危物种红色名录》无危（LC）物种。

[分布情况] 在国内分布于湖北、北京、河北、江苏、浙江、福建、广东、四川、云南等。在后河保护区分布于百溪河等，所见频率较高。

异色灰蜻 *Orthetrum melania*

异色灰蜻 *Orthetrum melania*

[目] 蜻蜓目 Odonata

[科] 蜻科 Libellulidae

[形态特征] 体中型。雄性老的个体面色几乎全黑；头顶突起高耸，上着生2个锥形尖突；后头褐色；整个面部具黑色毛；老的个体胸部全为深褐色，由于被灰色粉末，外观呈现灰色。翅透明，翅痣黑褐色，翅末端具淡褐色斑，翅基具黑褐色或黑色斑，前翅的斑很小，后翅的斑较大，形略似三角形。足黑色，具刺。腹部第1~7节灰色；第8~10节黑色。雌性体形、色泽、斑纹等与幼的雄性个体相似。

[生活习性] 较喜欢在干燥的地方停歇，特别是石头上。飞行能力强，速度快。

[保护等级]《世界自然保护联盟濒危物种红色名录》无危（LC）物种。

[分布情况] 在国内分布于湖北、江苏、河北、浙江、福建、广西、四川、云南、广东、香港、台湾、北京等。在后河保护区分布于百溪河、蝴蝶谷等，所见频率较高。

黄蜻 *Pantala flavescens*

黄蜻 Pantala flavescens

[目] 蜻蜓目 Odonata

[科] 蜻科 Libellulidae

[形态特征] 腹长27.0~34.0mm，后翅长36.0~42.0mm。胸部黄褐色，侧面灰白色。腹部背面具黑斑。前后翅的翅痣赤黄色。

[生活习性] 具有飞越海洋进行长距离迁飞的能力。夏季雨前或雨后可见众多个体在庭园上飞舞，捕捉飞虫（如有翅蚁）；或工人除草时，惊动草丛中的昆虫，也会招引大量黄蜻前来捕食。

[保护等级]《世界自然保护联盟濒危物种红色名录》无危（LC）物种。

[分布情况] 在全国广泛分布。在后河保护区分布于百溪河等，所见频率较高。

方带溪蟌 *Euphaea decorata*

[目] 蜻蜓目 Odonata

[科] 溪蟌科 Euphaeidae

[形态特征] 雄性胸部、腹部主要黑色,后翅中央有黑色带状斑。雌性胸部有明显黄色条纹,腹部有明显黄色纵纹,腹部略长于翅。

[生活习性] 栖息于水流急速的溪流附近。

[保护等级]《世界自然保护联盟濒危物种红色名录》无危(LC)物种。

[分布情况] 在国内分布于湖北、广东、浙江、安徽、江西、云南、香港、广西、福建等。在后河保护区分布于百溪河等,所见频率低。

方带溪蟌 *Euphaea decorata*

长尾黄蟌 *Ceriagrion fallax*

长尾黄蟌 Ceriagrion fallax

[目] 蜻蜓目 Odonata

[科] 蟌科 Coenagrionidae

[形态特征] 雄性腹长34.0mm左右，后翅长22.0mm左右。头部下唇淡黄色，上唇鲜明的黄色，上颚基部、前唇基、后唇基及额柠檬黄色；头顶暗橄榄绿色，侧面黄色，具黑色线纹。翅透明，翅痣黄色。腹部第1～6节鲜明的淡黄色；第7～10节背面黑色，腹面黄色。

[生活习性] 栖息于植物水草丰茂的水塘、池沼、水库等静水环境。

[保护等级]《世界自然保护联盟濒危物种红色名录》无危（LC）物种。

[分布情况] 在国内分布于湖北、云南、贵州、海南、浙江、广西、广东、四川、西藏等。在后河保护区分布于黄粮坪、百溪河等，所见频率较低。

黄纹长腹扇螅 Coeliccia cyanomelas

黄纹长腹扇螅 Coeliccia cyanomelas

[目] 蜻蜓目 Odonata

[科] 扇螅科 Platycnemididae

[形态特征] 雄性面部黑色具蓝色斑纹；胸部黑色，背面具4个淡蓝色斑，侧面具2条淡蓝色条纹；腹部黑色，第1~7节侧面具蓝白色斑，第8~10节淡蓝色。雌性胸部具黄色条纹；腹部黑色，第8~9节具白斑。

[生活习性] 主要栖息于溪流、山间湖泊等清洁水环境周边幽暗的植被下部。

[保护等级]《世界自然保护联盟濒危物种红色名录》无危（LC）物种。

[分布情况] 在国内分布于湖北、四川、贵州、浙江、福建、江西、广东、广西、陕西、安徽、云南、台湾等。在后河保护区分布于百溪河、界头等，所见频率中等。

毛拟狭扇蟌 *Pseudocopera ciliata*

毛拟狭扇蟌 *Pseudocopera ciliata*

[目] 蜻蜓目 Odonata

[科] 扇蟌科 Platycnemididae

[形态特征] 雄性胸部底色黑色，上有整齐白色纹；足部主要白色，腿节和胫节交界处黑色；腹部末端白色。雌性胸部底色黑色，上有整齐白色纹。

[生活习性] 栖息于低地溪流、水沟以及野草生长的池边。

[保护等级]《世界自然保护联盟濒危物种红色名录》无危（LC）物种。

[分布情况] 在国内分布于湖北、广东、广西、海南、香港、台湾、云南等。在后河保护区分布于黄粮坪等，所见频率中等。

叶足扇螆 *Platycnemis phyllopoda*

[目] 蜻蜓目 Odonata

[科] 扇螆科 Platycnemididae

[形态特征] 体长约30.0mm，体色黄黑相间，肛附器白色。雄性可通过中后足胫节叶片状与雌性区别。

[生活习性] 常栖息于低海拔地区静水、湿地。

[保护等级]《世界自然保护联盟濒危物种红色名录》无危（LC）物种。

[分布情况] 在国内分布于湖北、北京、天津、河北、山西、内蒙古、河南、山东、江苏等。在后河保护区分布于黄粮坪等，所见频率中等。

叶足扇螆 *Platycnemis phyllopoda*

黑胸大蠊 *Periplaneta fuliginosa*

黑胸大蠊 *Periplaneta fuliginosa*

[目] 蜚蠊目 Blattaria

[科] 蜚蠊科 Blattidae

[形态特征] 体暗栗褐色至黑褐色。单眼、口器和下颚须端节淡色。前胸背板具强光泽，黑亮色。前翅暗褐色。

[生活习性] 杂食性昆虫，以动、植物食料为食，主要生活于厨房、卫生间及垃圾桶周围。具有较强的适应性及行动能力，常会携带多种病原体。

[保护等级] 无。

[分布情况] 在国内分布于湖北、河南、上海、安徽、浙江、福建、广西、四川、贵州、云南、广东、江苏等。在后河保护区分布于羊子溪等，所见频率低。

中华斧螳 *Hierodula chinensis*

中华斧螳 *Hierodula chinensis*

[目] 螳螂目 Mantodea

[科] 螳科 Mantidae

[形态特征] 体形中等。体绿色，触角基部淡黄色，其余红褐色；触角细长，丝状。前翅宽，超过腹端，绿色，翅斑淡黄色；后翅淡绿色；雌性全革质，不透明；雄性仅前缘区革质，其余半透明，翅斑长条形，后翅与前翅等长。腹部肥大。

[生活习性] 成虫、幼虫均有捕食性。

[保护等级] 无。

[分布情况] 在国内分布于湖北、江苏等。在后河保护区分布于百溪河等，所见频率低。

越南小丝螳 *Leptomantella tonkinae*

越南小丝螳 *Leptomantella tonkinae*

[目] 螳螂目 Mantodea

[科] 小丝螳科 Leptomantellidae

[形态特征] 体小型，淡绿色，体被白粉。复眼卵圆形。前胸背板细长，横沟前区具明显黑斑，沿中脊两侧具连贯的细小黑点，成虚线状。前翅较宽阔，浅绿色透明；后翅宽阔，长于前翅，无色透明。中后足细长。腹部细长。尾须锥状多毛。

[生活习性] 多栖息于温暖地区的灌木或者枝头。

[保护等级] 无。

[分布情况] 在国内分布于湖北、福建、广西、重庆、云南等。在后河保护区分布于百溪河等，所见频率低。

丽眼斑螳 *Creobroter gemmatus*

[目] 螳螂目 Mantodea

[科] 瓣足螳科 Hymenopodidae

[形态特征] 体长3.0~5.0cm。单眼后方具锥状突起或缺；复眼锥状。雌性触角丝状，雄性触角念珠状。雌雄两性具翅，前翅绿色或黄色，具有眼状花纹；雌性后翅具色斑。前足腿节扩展，上缘较直或微弯曲，具4枚中刺，4枚外列刺；爪沟近基部；中、后足腿节端部的外侧下缘具叶状突起。

[生活习性] 生活在温暖湿润的环境。在捕食完猎物或休息时常用口器舔干足，进行自我清洁。

[保护等级] 无。

[分布情况] 在国内分布于湖北、江西、福建、四川、重庆、海南、广东等。在后河保护区分布于百溪河等，所见频率低。

丽眼斑螳 *Creobroter gemmatus*

东方蝼蛄 Gryllotalpa orientalis

东方蝼蛄 Gryllotalpa orientalis

[目] 直翅目 Orthoptera

[科] 蝼蛄科 Gryllotalpidae

[形态特征] 体长25.0～35.0mm，褐色，腹面较浅，全身密布细毛。头圆锥形，触角丝状。前足为开掘足，后足胫节背面内侧有3或4个距。

[生活习性] 成虫和若虫在土下活动。食性较广，可取食果树、林木的种苗及大田作物、蔬菜的种苗。成虫具趋光性，且对半熟的谷子、炒香的豆饼、麦麸及马粪等具强烈趋性。

[保护等级] 无。

[分布情况] 在国内除新疆外广泛分布。在后河保护区分布于南山、水滩头等，所见频率中等。

梨片蟋 *Truljalia hibinonis*

梨片蟋 *Truljalia hibinonis*

[目] 直翅目 Orthoptera

[科] 蟋蟀科 Gryllidae

[形态特征] 体长为20.0～40.0mm，身体如同梭形。触角鞭丝状，黄绿色。前胸背板横宽，前狭后宽，近似扇形。雄虫前翅宽大，覆盖整个身体，翅上分布着褐色的脉纹。

[生活习性] 多见于半山区的幽静环境中。习惯在瓦片下、乱石中筑穴生活。很少见有群集。主要取食腐殖质及小动物尸体碎片，也寻觅植物嫩梢。

[保护等级] 无。

[分布情况] 在国内分布于南部，如湖北、江苏等。在后河保护区分布于界头、茅坪、老屋场等，所见频率中等。

虎甲蛉蟋 *Trigonidium cicindeloides*

虎甲蛉蟋 Trigonidium cicindeloides

[目] 直翅目 Orthoptera

[科] 蛉蟋科 Trigonidiidae

[形态特征] 体形较小，黑褐色。头稍宽于前胸背板前缘，圆形，具刚毛，黑色；复眼突出；触角细长。前胸背板横宽，黑色，具刚毛。雌雄前翅脉序相似，光滑，黑色。前、中足胫节黑色；后足黄色；后足胫节背面两侧缘具距，缺刺，背距较长，具毛；腹面具明显的短毛。

[生活习性] 生活在平地至低海拔山区，栖息于农田或向阳的林缘、山路草丛。

[保护等级] 无。

[分布情况] 在国内主要分布于南方地区，如湖北等。在后河保护区分布于王先念屋场、老屋场等，所见频率中等。

日本蚤蝼 *Xya japonica*

[目] 直翅目 Orthoptera

[科] 蚤蝼科 Tridactylidae

[形态特征] 体长约5mm，体铜黄色，粗短。触角短，黑色。后足腿节极粗大，伸达腹端。腹端的尾须2节，下方的1对刺突与尾须等长。

[生活习性] 善于跳跃；常栖息在湖旁或溪边的湿表面。

[保护等级] 无。

[分布情况] 在国内分布于湖北、江苏等。在后河保护区分布于高岩河、野猫岔等，所见频率较低。

日本蚤蝼 *Xya japonica*

歧尾鼓鸣螽 Bulbistridulous furcatus

歧尾鼓鸣螽 Bulbistridulous furcatus

[目] 直翅目 Orthoptera

[科] 螽斯科 Tettigoniidae

[形态特征] 体杂色，具黑色和黄褐色。头部背面黑色，具5条较明显的黄色纵线；触角黑色，具稀疏的白色环纹。前胸背板背面赤褐色，侧叶黑色，沿下缘具较宽的黄色边。翅室内网状脉略带黄色。腹部暗黑色，背面两侧各具1条淡黄色狭条纹。

[生活习性] 栖于草丛中。

[保护等级] 无。

[分布情况] 在国内分布于湖北、浙江、福建、江西等。在后河保护区分布于康家坪、老屋场等，所见频率中等。

黑角露螽 Phaneroptera nigroantennata

黑角露螽 Phaneroptera nigroantennata

[目] 直翅目 Orthoptera

[科] 螽斯科 Tettigoniidae

[形态特征] 体长35.0mm左右，体瘦长，绿色。体背具红褐色纵纹，前翅脉纹明显。各足褐色；中后足腿节绿色；后足最长，腿节粗，后足胫节有2处白斑，下方的颜色较淡。

[生活习性] 栖息于草丛，喜吸食花蜜。

[保护等级] 无。

[分布情况] 在国内分布于湖北、安徽、浙江、江苏、湖南、台湾、内蒙古、吉林、辽宁等。在后河保护区分布于长坡等，所见频率中等。

截叶糙颈螽 Ruidocollaris truncatolobata

截叶糙颈螽 *Ruidocollaris truncatolobata*

[目] 直翅目 Orthoptera

[科] 螽斯科 Tettigoniidae

[形态特征] 体大型，体色绿色。复眼红棕色，触角棕红色。前胸背板后缘三角形突出。翅鲜绿色；前复翅革质，向端部不明显变尖；翅脉非常明显，横脉平行。中胸腹板叶三角形，后胸腹板叶后端明显斜截。足具刺。各腹节背板基部向后具倒大三角形深棕色斑，后缘绿色。

[生活习性] 夜晚常见于民宿或路灯下活动，直到清晨才会躲到丛林里。

[保护等级] 无。

[分布情况] 在国内分布于湖北、福建、海南、广西、广东、贵州、西藏、河南等。在后河保护区分布于百溪河、水滩头、老屋场等，所见频率高。

绿背覆翅螽 *Tegra novaehollandiae*

[目] 直翅目 Orthoptera

[科] 螽斯科 Tettigoniidae

[形态特征] 雄虫体长25.0～32.0mm，雌虫体长43.5～45.0mm，雄虫前翅长35.0～41.5mm，雌虫前翅长50.0～53.5mm。体灰褐色或棕色，并带有不规则黑斑。触角黑棕色，与淡棕色环相间交替排列。前胸背板前缘具2个小的瘤突，后缘钝圆；前横沟和中横沟极明显且较深。前翅上具不规则的黑斑，整个翅表较为粗糙，翅的前、后边缘近直且接近平行，翅的端部圆钝。

[生活习性] 受到惊吓的时候，会展开翅膀，翅膀根部分泌一种亮黄色的浓稠液体。

[保护等级] 无。

[分布情况] 在国内分布于湖北、陕西、浙江、湖南、广东、广西、四川、云南等。在后河保护区分布于百溪河、长坡等，所见频率较低。

绿背覆翅螽 *Tegra novaehollandiae*

山稻蝗 *Oxya agavisa*

山稻蝗 *Oxya agavisa*

[目] 直翅目 Orthoptera

[科] 蝗科 Acrididae

[形态特征] 体绿色或褐绿色，或背面黄褐色，侧面绿色，常有变异。头部在复眼之后、沿前胸背板侧片的上缘具有明显的褐色纵条纹。前翅前缘淡褐色，后部为绿色；后翅本色透明。后足股节绿色，膝部暗褐色或上膝侧片为褐色；后足胫节绿色或青绿色，基部暗色。雄性体形中等，体表具有细小刻点；触角细长；复眼较大，为卵形。雌性较雄性粗大；触角略较短；头顶宽短。

[生活习性] 一般在山坡杂草上生活。

[保护等级] 无。

[分布情况] 在国内分布于湖北、上海、江苏、浙江、安徽、福建、江西、湖南、广东、广西、四川、贵州、云南等。在后河保护区分布于小栗子坪等，所见频率较高。

比氏蹦蝗 *Sinopodisma pieli*

比氏蹦蝗 *Sinopodisma pieli*

[目] 直翅目 Orthoptera

[科] 蝗科 Acrididae

[形态特征] 雄性体中小型,雌性体较粗大。体黄绿色或黄褐色,背面色较深。复眼卵形;触角丝状,细长;眼后带黑褐色,直延至腹端。前胸背板圆柱状,前缘近平直,后缘中央具三角形凹口。前翅黑褐色或暗褐色,较狭,前、后缘几平行,顶端宽圆。前、中足绿色。后足股节绿色或黄绿色,膝部黑色。

[生活习性] 行动敏捷。

[保护等级] 无。

[分布情况] 在国内分布于湖北、江西、安徽、浙江等。在后河保护区分布于高岩河、黄粮坪等,所见频率较高。

东方凸额蝗 *Traulia orientalis*

东方凸额蝗 *Traulia orientalis*

[目] 直翅目 Orthoptera

[科] 蝗科 Acrididae

[形态特征] 雄性体形中等，雌性体较雄性大。体表具有粗刻点。头为褐色，大而短；触角丝状，黑色，顶端数节为淡褐色；复眼褐色，卵圆形，向外突出；眼后具弧形黑带延伸到前胸背板后缘。腹部圆柱形，腹部末端向上翘，腹部末端背板后缘两侧具微小的尾片；腹部背面和腹面为淡褐色，两侧具有黑色斑纹。后足股节外侧基部具一块斜行三角形的黄色斑纹。

[生活习性] 行动敏捷。

[保护等级] 无。

[分布情况] 在国内分布于湖北、广西、福建、湖南、贵州、云南等。在后河保护区分布于南山、蝴蝶谷等，所见频率中等。

短角外斑腿蝗 *Xenocatantops brachycerus*

[目] 直翅目 Orthoptera

[科] 蝗科 Acrididae

[形态特征] 体褐色。复眼后方、沿前胸背板侧片的上部和后胸背板侧片具黄色纵条纹。前翅微烟色；后翅基部淡黄色。后足股节外侧黄色，具2个黑褐色或黑色横斑纹，此两斑纹下行，并沿着下隆线纵向延伸，下缘褐色；后足股节内侧红色，具黑色斑纹；后足胫节红色。

[生活习性] 可危害水稻、小麦、甘蔗、甘薯、茶树。

[保护等级] 无。

[分布情况] 在国内分布于湖北、甘肃、河北、陕西、江苏、浙江、四川、福建、台湾、广东、贵州、云南、西藏等。在后河保护区分布于南山、老屋场、百溪河等，所见频率较高。

短角外斑腿蝗 *Xenocatantops brachycerus*

大斑外斑腿蝗 Xenocatantops humilis

大斑外斑腿蝗 Xenocatantops humilis

[目] 直翅目 Orthoptera

[科] 蝗科 Acrididae

[形态特征] 体褐色。自复眼后方，沿前胸背板侧片的上部和后胸背板侧片具黄色条纹。前翅略呈烟色；后翅基部淡黄色。后足股节外侧黄色，具2个黑褐色横斑纹。

[生活习性] 为害水稻、小麦、甘蔗、甘薯、茶树。

[保护等级] 无。

[分布情况] 在国内分布于湖北、广西、云南、西藏等。在后河保护区分布于野猫岔等，所见频率较高。

奥科特比蜢 *Pielomastax octavii*

奥科特比蜢 *Pielomastax octavii*

[目] 直翅目 Orthoptera

[科] 枕蜢科 Episactidae

[形态特征] 体形中等，前后翅缺。体色通常暗褐色，身体两侧从复眼后到腹末端在雄性具有连续暗色带纹。雄性腹部通常上翘，尾须细长，有时侧扁并弯向内方，端部斜截。后足基跗节上外侧有3个刺，上内侧4个刺。

[生活习性] 常生活于短草丛中。行为不活跃，跳起距离近，体色与环境十分接近。

[保护等级] 无。

[分布情况] 在国内分布于湖北、江西、浙江等。在后河保护区分布于康家坪等，所见频率中等。

长壮蝎蝽 *Laccotrephes pfeiferiae*

长壮蝎蝽 *Laccotrephes pfeiferiae*

[目] 半翅目 Hemiptera

[科] 蝎蝽科 Nepidae

[形态特征] 体大型，黑褐色。前胸背板密被短绒毛丛，前翅革片前半部分和其外缘亦被有许多绒毛丛。前胸腹板呈纵向脊状隆起，其前端具有一尖锐突起，中间稍微凹入，后端则较为平滑且无突起。

[生活习性] 成虫活动空间包括水体外与水体中。具有假死行为。

[保护等级] 无。

[分布情况] 在国内分布于湖北、云南等。在后河保护区分布于革家坪等，所见频率中等。

疣突素猎蝽 *Epidaus tuberosus*

[目] 半翅目 Hemiptera

[科] 猎蝽科 Reduviidae

[形态特征] 体长14.8~19.5mm；黄褐色至红褐色，如触角第2节端部、头部眼后区（除腹面）等区域黑色，触角基部后方各具1个小突起，呈瘤状。前胸背板后叶中后部具2个瘤突，侧角短刺状。

[生活习性] 具有捕食性，可在毛叶丁香、卫矛、小花溲疏、艾蒿等植物上见到成虫（6、7月）和若虫（4、5月）。

[保护等级] 无。

[分布情况] 在国内分布于湖北、北京、陕西、甘肃、黑龙江、辽宁、河南、安徽、浙江、江西、福建、湖南、广东、广西、四川等。在后河保护区分布于栗子坪等，所见频率中等。

疣突素猎蝽 *Epidaus tuberosus*

双刺胸猎蝽 *Pygolampis bidentata*

双刺胸猎蝽 *Pygolampis bidentata*

[目] 半翅目 Hemiptera

[科] 猎蝽科 Reduviidae

[形态特征] 体长13.0～15.5mm，宽2.7～2.8mm。体棕褐色，密被短浅色扁毛，形成一定花纹。头顶具"V"形光滑条纹；复眼圆形，稍侧突；触角具毛。前胸背板前叶长于后叶；后叶中央凹沟，两侧具光滑短纹，后叶后方稍向上翘，侧角成圆形向上突。

[生活习性] 具有捕食性。

[保护等级] 无。

[分布情况] 在国内分布于湖北、黑龙江、北京、河北、山西、山东、广西、安徽等。在后河保护区分布于庙岭等，所见频率较低。

红缘猛猎蝽 Sphedanolestes gularis

红缘猛猎蝽 Sphedanolestes gularis

[目] 半翅目 Hemiptera

[科] 猎蝽科 Reduviidae

[形态特征] 体中型，黑色光亮。前翅长，超过腹部末端，膜片甚大。腹部红色，侧纵沟显著，侧角钝圆，后缘平直。各足股节顶端细缩。

[生活习性] 具有捕食性。

[保护等级] 无。

[分布情况] 在国内分布于湖北、浙江、湖南、安徽、福建、四川、云南等。在后河保护区分布于庙岭等，所见频率中等。

环斑猛猎蝽 Sphedanolestes impressicollis

环斑猛猎蝽 Sphedanolestes impressicollis

[目] 半翅目 Hemiptera

[科] 猎蝽科 Reduviidae

[形态特征] 体长16.0～18.0mm，腹部宽5.2～5.5mm。体黑色光亮，具黄色或暗黄花斑，体被淡色毛。各足股节具2～3个、胫节具2个淡色环斑，腹部腹面及侧接缘的端半部均为黄色或淡黄褐色。

[生活习性] 捕食菜粉蝶幼虫、艾叶甲及白蚁等的成虫。

[保护等级] 无。

[分布情况] 在国内分布于湖北、河北、山东、安徽、江苏、湖南、江西、浙江、福建、台湾、广东、广西、四川、贵州、云南等。在后河保护区分布于康家坪等，所见频率中等。

赭缘犀猎蝽 *Sycanus marginatus*

[目] 半翅目 Hemiptera

[科] 猎蝽科 Reduviidae

[形态特征] 体大型,黑色,被黑色短毛。气门周围、侧接缘各节后缘及外缘红色。两个单眼互相远离。后叶中央稍凹,侧角突出,后缘稍凹陷,侧角后缘平直。小盾片无刺。足具长毛。前翅超过腹部末端,腹部两侧扩展。

[生活习性] 在植物丛的中上层活动,捕食各种昆虫和节肢动物。

[保护等级] 无。

[分布情况] 在国内分布于湖北、云南等。在后河保护区分布于百溪河等,所见频率低。

赭缘犀猎蝽 *Sycanus marginatus*

中国螳瘤蝽 *Cnizocoris sinensis*

中国螳瘤蝽 *Cnizocoris sinensis*

[目] 半翅目 Hemiptera

[科] 猎蝽科 Reduviidae

[形态特征] 体中型。头小，侧面观，头顶微隆起于复眼之上。前胸背板前、后叶明显；后叶后缘向前强烈凹入。前足捕捉式，腿节亦较长弯曲，胫节略弯，无爪；中、后足细小，狭长，胫节均被有许多长毛和短刺。

[生活习性] 捕食性，喜欢栖息在小乔木及灌丛中，尤喜待在植物的花朵上，伏击前来访花吸蜜的昆虫（如蚂蚁、茧蜂等）。

[保护等级] 无。

[分布情况] 在国内分布于湖北、北京、陕西、宁夏、甘肃、内蒙古、天津、河北、山西等。在后河保护区分布于革家坪等，所见频率较低。

三环苜蓿盲蝽 *Adelphocoris triannulatus*

三环苜蓿盲蝽 *Adelphocoris triannulatus*

[目] 半翅目 Hemiptera

[科] 盲蝽科 Miridae

[形态特征] 体椭圆形，底色淡污灰褐色、污锈褐或黑褐色。头黑褐或黑色，具光泽。前胸背板色淡，其余黑色，有光泽。小盾片淡褐色至黑褐色。膜片黑褐色，脉同色。

[生活习性] 生活在植物上，善飞翔；喜食植物的花瓣、子房、幼果等。

[保护等级] 无。

[分布情况] 在国内分布于湖北、吉林、黑龙江、安徽、甘肃等。在后河保护区分布于蝴蝶谷等，所见频率较低。

狭领纹唇盲蝽 Charagochilus angusticollis

狭领纹唇盲蝽 Charagochilus angusticollis

[目] 半翅目 Hemiptera

[科] 盲蝽科 Miridae

[形态特征] 体色深。头顶在眼的内侧有1对小黄褐斑。前胸背板光泽较强，丝状毛形成小毛斑；领有粉被。鞘翅色暗；部分区域质地呈绒状，无光泽，上生较密的黑褐色粗刚毛，约成一密厚的毛层；其余区域银白色的丝状卷曲毛组成的小毛斑紧贴翅表，外观此区域略呈绒状；小毛斑整齐，数量较多。足股节基部黑，亚基部有一白环。

[生活习性] 生活在植物上，善飞翔；喜食植物的花瓣、子房、幼果等。

[保护等级] 无。

[分布情况] 在国内分布于湖北、河北、浙江、安徽、福建、河南、广东、广西、四川、贵州、云南、陕西、甘肃、台湾等。在后河保护区分布于老屋场等，所见频率较低。

长角纹唇盲蝽 *Charagochilus longicornis*

[目] 半翅目 Hemiptera

[科] 盲蝽科 Miridae

[形态特征] 体小，厚实，黑色或黑色而带褐色色泽。头黑色，头顶在眼内侧各有一小黄斑。前胸背板有明显光泽，刻点深大，明显下倾。革片最基部与端部以及楔片缝周围黄白色，革片内角处的边缘黄白色。膜片灰黑色，脉淡色。股节黑褐色或褐色，斑驳，杂有黄斑。

[生活习性] 主要分布于低海拔山区，栖息于低矮草丛，植食性昆虫。

[保护等级] 无。

[分布情况] 在国内分布于湖北、福建、广东、海南、四川、贵州、云南、台湾等。在后河保护区分布于王先念屋场等，所见频率中等。

长角纹唇盲蝽 *Charagochilus longicornis*

美丽毛盾盲蝽 Onomaus lautus

美丽毛盾盲蝽 Onomaus lautus

[目] 半翅目 Hemiptera

[科] 盲蝽科 Miridae

[形态特征] 触角细长,两性触角颜色相似。小盾片隆起较强烈,淡黄白色,常带青绿色色泽。中胸盾片黄色,侧角及中部黑褐色。革片及楔片底色淡黄色,常具淡绿色色泽,半透明,亚基部有一不大的黑斑,端半大部分为红褐色大斑。足淡黄褐色;前、中足股节腹面渐成淡红色,后足股节端半红或淡红褐色,红色区域中段有一黄环;后足胫节大部黄白色。

[生活习性] 生活在植物上,善飞翔;喜食植物的花瓣、子房、幼果等。

[保护等级] 无。

[分布情况] 在国内分布于湖北、湖南、广西、四川、贵州、甘肃等。在后河保护区分布于王先念屋场、顶坪等,所见频率较低。

开环缘蝽 *Stictopleurus minutus*

开环缘蝽 *Stictopleurus minutus*

[目] 半翅目 Hemiptera

[科] 姬缘蝽科 Rhopalidae

[形态特征] 成虫体长7.0～8.5mm，宽2.2～2.7mm。体椭圆形，黄绿色或略带棕褐色，除头部、腹部腹面外，全身密布黑色刻点。头三角形，复眼突出、较大。前翅除基部、前缘、翅脉及革片顶角外，完全透明。腹部背面黑色，背板第5节后半中央、第6节中部斑点及后缘和第7节的纵带黄色。侧接缘黄色，各节后部常具黑色斑点。足黄色，上有黑色斑点。

[生活习性] 成虫常在地面爬行。

[保护等级] 无。

[分布情况] 在国内分布于湖北、黑龙江、吉林、新疆、陕西、山西、河北、河南、江苏、江西、浙江、福建、台湾、广东、四川、云南、西藏等。在后河保护区分布于锁口等，所见频率中等。

褐伊缘蝽 *Rhopalus sapporensis*

褐伊缘蝽 *Rhopalus sapporensis*

[目] 半翅目 Hemiptera

[科] 姬缘蝽科 Rhopalidae

[形态特征] 体长6.0~8.0mm。背面灰绿色，腹面灰黄色，具褐色斑点，被浅色长毛。前胸背板以及小盾片上的刻点、触角及足的斑点黑色或褐色。

[生活习性] 植食性昆虫。

[保护等级] 无。

[分布情况] 在国内分布于湖北、贵州、黑龙江、内蒙古、北京、河北、陕西、甘肃、江苏、浙江、江西、四川、福建、广东、广西、云南、西藏等。在后河保护区分布于林业队、南山、张家台等，所见频率中等。

宽铗同蝽 *Acanthosoma labiduroides*

[目] 半翅目 Hemiptera

[科] 同蝽科 Acanthosomatidae

[形态特征] 雄体长17.5mm左右，宽7.5mm左右；雌体长20mm左右，宽9.5mm左右。体黄绿色。前胸背板侧角较短，末端光滑圆钝，橙红色。前翅革片有较密黑粗刻点，膜片半透明、棕色。雄虫生殖铗极发达，粗壮而长，基部宽阔，端部扁宽，后端略平行，铗尖具一束褐色长毛，铗体橘红色。

[生活习性] 在云南其主要寄主为云南油杉，在北方则以桧柏为主。

[保护等级] 无。

[分布情况] 在国内分布于湖北、黑龙江、河北、山西、陕西、浙江、江西、四川、云南等。在后河保护区分布于林业队等，所见频率较低。

宽铗同蝽 *Acanthosoma labiduroides*

伊锥同蝽 Sastragala esakii

伊锥同蝽 *Sastragala esakii*

[目] 半翅目 Hemiptera

[科] 同蝽科 Acanthosomatidae

[形态特征] 雄体长11.5mm左右，宽6.0mm左右；雌体长13.0mm左右，宽8.0mm左右。体淡黄褐色，具较密的棕黑刻点。前胸背板前部光滑，黄褐色；两侧角较粗短，末端钝圆，微向后弯，黑褐色。小盾片基部中央具一淡黄色的光滑大斑，其前缘正中央呈尖三角形切入。

[生活习性] 雌虫产卵后有静伏在卵块上保护卵块的习性。主要刺吸嫩芽和花中汁液，危害柞、栎等。

[保护等级] 无。

[分布情况] 在国内分布于湖北、河南、江西、福建、台湾、广西、四川等。在后河保护区分布于百溪河、林业队等，所见频率较低。

细角瓜蝽 *Megymenum gracilicorne*

细角瓜蝽 *Megymenum gracilicorne*

[目] 半翅目 Hemiptera

[科] 兜蝽科 Dinidoridae

[形态特征] 成虫体长12.0~14.6mm，宽6.0~7.7mm。体椭圆形，黑褐色，常有铜色光泽。触角4节，圆柱形，基部3节黑色，4节多为黄色。前胸背板表面凹凸不平，前角具弯长刺，向前伸且内弯似牛角状。小盾片表面粗糙，具微纵脊，基角处凹陷，黑色具闪光，基部中间具1个小黄点。足腿节腹面具刺。腹侧缘具相同的大锯齿。

[生活习性] 主要为害南瓜、黄瓜、苦瓜、豆类、刺槐。成虫、若虫在寄主兜部至3m高处的瓜蔓、卷须基部、腋芽处为害。

[保护等级] 无。

[分布情况] 在国内分布湖北、江西、河南、广东等。在后河保护区分布于王先念屋场等，所见频率较低。

红角辉蝽 Carbula crassiventris

红角辉蝽 Carbula crassiventris

[目] 半翅目 Hemiptera

[科] 蝽科 Pentatomidae

[形态特征] 体长7.0~8.5mm,宽6.0~6.5mm。体污黄褐色,密布黑刻点,有时有铜色光泽。前胸背板侧角末端常呈棕红色。

[生活习性] 植食性昆虫。

[保护等级] 无。

[分布情况] 在国内分布于湖北、安徽、福建、广东、广西、贵州、海南、黑龙江、湖南、江苏、江西、陕西、甘肃、山西、四川、台湾、西藏、云南、浙江等。在后河保护区分布于林业队、顶坪等,所见频率中等。

北方辉蝽 *Carbula putoni*

[目] 半翅目 Hemiptera

[科] 蝽科 Pentatomidae

[形态特征] 成虫体长10.1～11.2mm，宽6.8～7.2mm。体近卵圆形，深紫黑褐色，有铜色或紫铜色光泽，密布黑刻点。头长形，色深暗。前胸背板前缘内凹，侧角末端相对较尖。小盾片末端钝圆。

[生活习性] 成虫、若虫喜在花穗、嫩叶上吸食汁液，为害大豆、胡枝子及禾本科杂草。

[保护等级] 无。

[分布情况] 在国内分布于湖北、黑龙江、河北、山东等。在后河保护区分布于锁口、张家台等，所见频率较高。

北方辉蝽 *Carbula putoni*

削疣蝽 *Cazira frivaldskyi*

削疣蝽 Cazira frivaldskyi

[目] 半翅目 Hemiptera

[科] 蝽科 Pentatomidae

[形态特征] 体长8.0~11.0mm,宽5.5~7.0mm。体暗褐色,具不规则隆起纹及刻点。前胸背板前域漆黑色,前侧缘基半锯齿状,侧角稍伸出,末端尖锐,微下倾。前翅革质部近端处中央有1个近椭圆形大黑斑,膜片淡黄褐色,两翅重叠时中央呈深色宽纵带。

[生活习性] 具有捕食性。

[保护等级] 无。

[分布情况] 在国内分布于湖北、湖南、江苏、浙江、安徽、江西、四川、福建、贵州、云南等。在后河保护区分布于南山等,所见频率较低。

峰疣蝽 *Cazira horvathi*

峰疣蝽 *Cazira horvathi*

[目] 半翅目 Hemiptera

[科] 蝽科 Pentatomidae

[形态特征] 成虫椭圆形，红褐色或棕褐色，略有光泽。前胸背板表面具不整齐的横皱突，前角外伸成小刺状。小盾片端部宽舌状；基处有一大的峰状疣突，光滑完整，高约4.5mm，位于前胸背板之上；瘤顶圆钝，略有一凹痕，将其平分为二浅峰；小盾片其余部分亦凹凸不平。

[生活习性] 捕食多种鳞翅目蛾类、叶甲类幼虫，偶害瓜类。常静伏在树枝上，待鳞翅目小幼虫、叶甲小幼虫爬近时，突伸出二前足将其攫住，并迅速以喙插入猎物体内，吸食液汁。

[保护等级] 无。

[分布情况] 在国内分布于湖北、河南、湖南、贵州、福建、广东等。在后河保护区分布于康家坪等，所见频率低。

中华岱蝽 *Dalpada cinctipes*

中华岱蝽 *Dalpada cinctipes*

[目] 半翅目 Hemiptera

[科] 蝽科 Pentatomidae

[形态特征] 成虫体长16.0mm左右，宽8.1mm左右。体紫褐色至紫黑色或绿褐色，略具金属光泽。触角黑色，第4、5节基部淡黄褐色。前胸背板前部绿黑色，后半部隐约有4条绿黑色纵纹。前翅革片灰黄褐色，中部及端部常呈紫红色，具不规则的黑斑。每一腹节侧缘的黑色带中有1个大黄斑，中胸腹板黑色。

[生活习性] 以植物为食，如竹等。

[保护等级] 无。

[分布情况] 在国内分布于湖北、甘肃、河北、陕西、河南、江苏、安徽、浙江、江西、湖南、福建、广东、海南、广西、贵州、云南等。在后河保护区分布于百溪河等，所见频率较低。

斑须蝽 *Dolycoris baccarum*

[目] 半翅目 Hemiptera

[科] 蝽科 Pentatomidae

[形态特征] 体长8.0～13.5mm。触角5节，第1节、第2～4节的两端和第5节基部黄白色，触角整体观黑白相间，形成"斑须"。前胸背板前侧缘常成淡白色边，后部呈暗红色；小盾片淡黄色；翅革片淡红褐色至暗红褐色。

[生活习性] 寄主范围很广，可取食苹果、梨、桃、山楂、枸杞、月季等多种木本植物和小麦、大豆、玉米、高粱、油菜、菊花等草本植物，喜刺吸植物的果实。

[保护等级] 无。

[分布情况] 在国内广泛分布。在后河保护区分布于高岩河、林业队、顶坪等，所见频率中等。

斑须蝽 *Dolycoris baccarum*

菜蝽 Eurydema dominulus

菜蝽 Eurydema dominulus

[目] 半翅目 Hemiptera

[科] 蝽科 Pentatomidae

[形态特征] 体长7.0～9.5mm，宽3.5～5.0mm。体椭圆形，黄、橙、或橙红色，具黑斑。前胸背板有黑斑6块（前2后4），小盾片基部中央有一大型三角形黑斑，近端处各侧有一小黑斑，橙红色部分成"Y"字形。膜片黑色，具白边。

[生活习性] 若虫、成虫在十字花科、豆科、茄科蔬菜和作物上刺吸汁液，尤其偏好心叶、嫩芽、嫩茎、花蕾和幼果等幼嫩部位，被害处留下黄白色斑点。成虫多栖息停留于植株顶端叶片正面。喜光，中午活跃。有假死性，当受到惊扰时易坠落，也可飞离。

[保护等级] 无。

[分布情况] 在国内除新疆等少数地区外均有分布。在后河保护区分布于高岩河、界头等，所见频率较低。

茶翅蝽 *Halyomorpha halys*

茶翅蝽 *Halyomorpha halys*

[目] 半翅目 Hemiptera

[科] 蝽科 Pentatomidae

[形态特征] 成虫体长12.0~16.0mm，宽6.5~9.0mm。体椭圆形，略扁平，淡黄褐色、黄褐色、灰褐色、茶褐色等，均略带紫红色。触角5节，黄褐色至褐色，第4节两端及第5节基部黄色。前胸背板、小盾片和前翅革质部有密集的黑褐色刻点；前胸背板前缘有4个黄褐色小点；小盾片基部有5个小黄点。侧接缘黄黑相间。

[生活习性] 寄生于梨、苹果、杏、桃等果树以及油桐、榆、刺槐、桑、大豆、菜豆、油菜、甜菜等林木和农作物。成虫、若虫刺吸梨果实、叶和新梢的汁液。

[保护等级] 无。

[分布情况] 在国内分布于湖北、北京、天津、河北、山西、内蒙古、辽宁、吉林、黑龙江、上海、江苏、浙江、安徽、江西、山东、河南、湖南、广东、广西、四川、贵州、云南、陕西、甘肃、台湾等。在后河保护区分布于栗子坪等，所见频率较高。

红玉蝽 *Hoplistodera pulchra*

红玉蝽 *Hoplistodera pulchra*

[目] 半翅目 Hemiptera

[科] 蝽科 Pentatomidae

[形态特征] 体长6.5～7.5mm，宽6.5～7.5mm。体黄白色，具红色花斑及暗棕褐色刻点。前胸背板前侧缘稍内凹，侧角呈角状外伸，末端光滑、尖锐。小盾片基角凹陷；基部有3块大红斑，中央1块，较大，两侧各1块，较小；端部具大红斑。侧接缘微露，同体色。

[生活习性] 喜食花蜜。

[保护等级] 无。

[分布情况] 在国内分布于湖北、湖南、甘肃、陕西、浙江、安徽、江西、四川、福建、广东、海南、广西、贵州、云南等。在后河保护区分布于南山、关岔湾、易家湾、羊子溪、康家坪、栗子坪、大阴坡等，所见频率较高。

点蝽 *Tolumnia latipes*

[目] 半翅目 Hemiptera

[科] 蝽科 Pentatomidae

[形态特征] 成虫体长3.5mm左右，宽1.7mm左右。头黑色，有光泽。前胸背板梯形，黑色。前翅革质部淡黄褐色。足黑褐色，股节两端色渐淡。

[生活习性] 普遍分布于低、中海拔山区，成虫、幼虫均有植食性，喜浆果。

[保护等级] 无。

[分布情况] 在国内分布于湖北、河北、山西、陕西、山东、河南、浙江、江西、云南。在后河保护区分布于蝴蝶谷、老屋场、羊子溪、黄家湾等，所见频率较高。

点蝽 *Tolumnia latipes*

尖角普蝽 *Priassus spiniger*

尖角普蝽 *Priassus spiniger*

[目] 半翅目 Hemiptera

[科] 蝽科 Pentatomidae

[形态特征] 成虫体长15.5~21.0mm，宽11.0~13.5mm。体椭圆形。身体上下、触角、喙及足均为淡黄褐色，头及前胸背板前部、侧角红色，头、前胸背板前大半、侧角及前翅革片处域具黑刻点。前胸背板前侧缘细锯齿状，侧角向前侧方伸出体外，末端尖锐，角体稍向上翘。前翅膜片色淡、透明，末端伸过腹末。侧接缘淡黄色，外露，腹部背面黄色。

[生活习性] 为害板栗、樱桃、桃、梨。

[保护等级] 无。

[分布情况] 在国内分布于湖北、浙江、江西、湖南、广西、四川、贵州、云南、西藏等。在后河保护区分布于锁口等，所见频率中等。

宽碧蝽 *Palomena viridissima*

宽碧蝽 *Palomena viridissima*

[目] 半翅目 Hemiptera

[科] 蝽科 Pentatomidae

[形态特征] 成虫体长12.0～13.5mm，宽8.0mm左右。体宽椭圆形，鲜绿色至暗绿色。触角基外侧有一片状突起将触角基覆盖。复眼周缘淡黄褐色，中间暗褐红色。前胸背板侧角伸出较少，末端圆钝。前翅膜片淡烟褐色，透明。

[生活习性] 食性较广，可在柳、杨、油松、榆、洋白蜡、落叶松、栎等树木，以及玉米、大豆、歪头菜等草本植物上发现。

[保护等级] 无。

[分布情况] 在国内分布于湖北、河北、山西、黑龙江、山东、云南、陕西、甘肃、青海、北京、宁夏、内蒙古、吉林等。在后河保护区分布于大阴坡、顶坪、锁口、张家台、关岔湾等，所见频率中等。

弯角蝽 *Lelia decempunctata*

弯角蝽 *Lelia decempunctata*

[目] 半翅目 Hemiptera

[科] 蝽科 Pentatomidae

[形态特征] 体长16.0~22.5mm。前胸背板前侧角大而尖，后缘中部平直，中前部具4个小横排的小黑点。小盾片具6个小黑点，其中2个位于基角的凹陷处，较小。

[生活习性] 寄主植物为大豆、葡萄、杨、榆等多种阔叶树。

[保护等级] 无。

[分布情况] 在国内分布于湖北、北京、陕西、宁夏、甘肃、黑龙江、辽宁、吉林、内蒙古、河北、天津、山东、浙江、安徽、江西、四川、贵州、云南、西藏等。在后河保护区分布于老屋场、野猫岔等，所见频率较低。

紫蓝曼蝽 *Menida violacea*

[目] 半翅目 Hemiptera

[科] 蝽科 Pentatomidae

[形态特征] 成虫体长8.0～10.0mm，宽4.0～5.5mm。体椭圆形，紫蓝色，有金绿闪光，密布黑色点刻。前胸背板前缘及前侧缘黄白色。小盾片末端黄白色，其上散生黑色小点，前翅膜片稍过腹末。侧接缘有半圆形黄白色斑。

[生活习性] 为害水稻、大豆、玉米、火棘等植物。

[保护等级] 无。

[分布情况] 在国内分布于湖北、北京、安徽、福建、甘肃、广东、广西、贵州、河北、河南、湖南、江苏、江西、吉林、辽宁、内蒙古、陕西、山西、山东、四川、台湾、云南、浙江、青海等。在后河保护区分布于黄粮坪等，所见频率较低。

紫蓝曼蝽 *Menida violacea*

双列圆龟蝽 Coptosoma bifarium

双列圆龟蝽 Coptosoma bifarium

[目] 半翅目 Hemiptera

[科] 龟蝽科 Plataspidae

[形态特征] 体长3.2~3.9mm，宽3.0~3.5mm。体圆形且小，背面隆起，黑色，光亮，带金属光泽，密布细小刻点，带有2个白色斑点。头雌雄异形：雄虫头两侧平行，前端平截，前缘向上翻折；雌虫头较短，前端圆形。触角黄色。小盾片极发达，覆盖整个腹部。

[生活习性] 为害多种植物。

[保护等级] 无。

[分布情况] 在国内分布于湖北、安徽、江西、湖南、福建、广西、重庆、四川、贵州等。在后河保护区分布于王先念屋场、易家湾等，所见频率中等。

金绿宽盾蝽 *Poecilocoris lewisi*

金绿宽盾蝽 *Poecilocoris lewisi*

[目] 半翅目 Hemiptera

[科] 盾蝽科 Scutelleridae

[形态特征] 体长13.5～15.5mm，宽9.0～10.0mm。体宽椭圆形。触角蓝黑色，足及身体下方黄色，体背是有金属光泽的金绿色，前胸背板和小盾片有艳丽的条状斑纹。

[生活习性] 寄生于葡萄、松、枫杨、臭椿、侧柏。若虫、成虫刺吸受害植物的枝条、叶片。

[保护等级] 无。

[分布情况] 在国内分布于湖北、山东、北京、天津、河北、陕西、江西、四川、贵州、云南、台湾。在后河保护区分布于百溪河等，所见频率中等。

桑宽盾蝽 Poecilocoris druraei

桑宽盾蝽 Poecilocoris druraei

[目] 半翅目 Hemiptera

[科] 盾蝽科 Scutelleridae

[形态特征] 体长15.0~18.0mm，宽9.5~11.5mm。体黄褐色或红褐色。触角黑色。前胸背板有2个大黑斑，有些个体无；前侧缘微拱，边缘稍翘，侧角圆钝。小盾片有13个黑斑，有些个体黑斑互相连接或全无。足黑色。

[生活习性] 寄主植物为桑树、油茶等。若虫常群集于叶下的叶脉处，更喜聚集在叶端及叶基上。

[保护等级] 无。

[分布情况] 在国内分布于湖北、广西、四川、贵州、云南、台湾、广东等。在后河保护区分布于核桃垭、独岭等，所见频率较低。

亮盾蝽 *Lamprocoris roylii*

[目] 半翅目 Hemiptera

[科] 盾蝽科 Scutelleridae

[形态特征] 体长8.8～10.0mm，宽5.5～6.5mm。体金绿色，具刻点及光泽。前胸背板正中具靛蓝色纵中带，此带两侧各有3个靛蓝色的横斜斑，侧角内侧也具1个靛蓝色斑纹，前侧缘稍内凹，侧角圆钝。足蓝黑色。腹部腹面具蓝黑色与金绿色相间横纹，各节侧缘赭红色。

[生活习性] 植食性昆虫。

[保护等级] 无。

[分布情况] 在国内分布于湖北、湖南、浙江、江西、四川、福建、广东、广西、贵州、云南、西藏等。在后河保护区分布于大阴坡等，所见频率中等。

亮盾蝽 *Lamprocoris roylii*

巨蝽 Eusthenes robustus

巨蝽 Eusthenes robustus

[目] 半翅目 Hemiptera

[科] 荔蝽科 Tessaratomidae

[形态特征] 体形宽大，长34.0~38.0mm，宽17.5~22.0mm。体椭圆形，深紫褐色。触角黑色。前胸背板中部无皱纹，周缘及小盾片上的横皱较弱；前胸背板前角略微突出，侧缘扁，略成叶状窄边。

[生活习性] 可在鹅掌柴上发现。

[保护等级] 无。

[分布情况] 在国内分布于湖北、广西等。在后河保护区分布于百溪河等，所见频率中等。

红足壮异蝽 *Urochela quadrinotata*

红足壮异蝽 *Urochela quadrinotata*

[目] 半翅目 Hemiptera

[科] 异尾蝽科 Urostylididae

[形态特征] 体长15.0～16.0mm，宽6.0～7.0mm。体背扁平，赭色略带红色。触角黑色，5节，第1节粗，稍向外侧弯曲，第3节最短，第4及第5节的基半部呈污黄色。翅革质部很发达，具2个黑斑。足红色。

[生活习性] 成虫在土缝、石块下或房檐缝隙中越冬。寄生于榆，也可在桑、榛等附近植物上发现。成虫有时会群集取食，偶见于灯下。

[保护等级] 无。

[分布情况] 在国内分布于湖北、北京、陕西、甘肃、河北、天津、山西、黑龙江、辽宁、吉林等。在后河保护区分布于长坡等，所见频率较低。

突肩跷蝽 Metatropis gibbicollis

突肩跷蝽 Metatropis gibbicollis

[目] 半翅目 Hemiptera

[科] 跷蝽科 Berytidae

[形态特征] 体长7.5~8.0mm，体色淡褐色。触角丝状，鞭节4节，第1~2节间膨大，红紫色，端部黄色。前胸背板扁平，中央有1条浅黄色纵棱。前翅及腹部黄褐色；翅长无斑。各足长如丝，内具黑色细斑点；腿节端部膨大，黑色，最端部黄褐色。

[生活习性] 喜阴暗的草丛环境，常见于叶面活动，具群聚性。

[保护等级] 无。

[分布情况] 在国内分布于湖北、云南、台湾等。在后河保护区分布于栗子坪等，所见频率较低。

东亚毛肩长蝽 *Neolethaeus dallasi*

[目] 半翅目 Hemiptera

[科] 地长蝽科 Rhyparochromidae

[形态特征] 成虫体长6.5~7.8mm，宽2.5mm左右。头黑色或深黑褐色，有密而粗糙的刻点。革片前缘基部淡色，基、中、端部具边缘不甚清晰的褐斑，革片内角和近端具白斑。膜片淡烟色，脉色略深。前腿节除具短刚毛状刺外，近端部有3~4根粗刺。雄虫后足腿节较膨大，下方有粗糙的疣状刺突。

[生活习性] 取食荆条种子。

[保护等级] 无。

[分布情况] 在国内分布于湖北、山西、河北、山东、江苏、浙江、福建、台湾、广东、广西、四川等。在后河保护区分布于老屋场等，所见频率较低。

东亚毛肩长蝽 *Neolethaeus dallasi*

突背斑红蝽 *Physopelta gutta*

突背斑红蝽 Physopelta gutta

[目] 半翅目 Hemiptera

[科] 大红蝽科 Largidae

[形态特征] 体长14.0～18.0mm，宽3.5～5.5mm。头顶棕褐色；触角黑色。前翅革片中央及顶角处各有1个黑斑，前者较大，圆形，后者较小，亚三角形。膜片棕褐色。

[生活习性] 具有趋光性。

[保护等级] 无。

[分布情况] 在国内分布于湖北、台湾、浙江、广东、广西、云南、西藏等。在后河保护区分布于百溪河等，所见频率较高。

四斑红蝽 *Physopelta quadriguttata*

四斑红蝽 *Physopelta quadriguttata*

[目] 半翅目 Hemiptera

[科] 大红蝽科 Largidae

[形态特征] 成虫体长12.0～17.0mm，宽5.0～5.8mm。窄椭圆形，身体背面浅棕红色。眼、头顶、前胸背板前叶及前翅膜片棕褐色；前胸背板前缘侧缘和中央光滑纵线、革片外缘及侧接缘橘红色。足暗棕或棕褐色。

[生活习性] 成虫趋光性很强。

[保护等级] 无。

[分布情况] 在国内分布于湖北、福建、广东、四川、云南、西藏、河南、安徽、江西、湖南等。在后河保护区分布于张家台等，所见频率中等。

瘤缘蝽 *Acanthocoris scaber*

瘤缘蝽 *Acanthocoris scaber*

[目] 半翅目 Hemiptera

[科] 缘蝽科 Coreidae

[形态特征] 成虫体长10.5～13.5mm，宽4.0～5.1mm，褐色。触角具粗硬毛。前胸背板具显著的瘤突；侧接缘各节的基部棕黄色，膜片基部黑色。足的胫节近基端有一浅色环斑；后足股节膨大，内缘具小齿或短刺。

[生活习性] 喜阴畏光，白天活动；吸食植物汁液；可释放刺激性气味的腺液。

[保护等级] 无。

[分布情况] 在国内分布于湖北、贵州、山东、江苏、安徽、浙江、江西、四川、福建、广西、广东、云南、西藏、台湾等。在后河保护区分布于高岩河、百溪河等，所见频率中等。

宽棘缘蝽 *Cletus schmidti*

[目] 半翅目 Hemiptera

[科] 缘蝽科 Coreidae

[形态特征] 体长9.0～11.3mm，宽3.2～4.0mm。背面暗棕色，腹面污黄色，触角暗红色。前胸背板前后截然两色，其前部与头部颜色较浅。触角第1节前外侧具1列明显的黑色小颗粒状突起。腹部背面基部及两侧黑色。

[生活习性] 主要寄生于蓼科植物。

[保护等级] 无。

[分布情况] 在国内分布于湖北、河北、陕西、山东、安徽、浙江、江西、江苏、福建、湖南、四川、贵州、香港、海南、广西、台湾等。在后河保护区分布于百溪河等，所见频率中等。

宽棘缘蝽 *Cletus schmidti*

广腹同缘蝽 Homoeocerus dilatatus

广腹同缘蝽 *Homoeocerus dilatatus*

[目] 半翅目 Hemiptera

[科] 缘蝽科 Coreidae

[形态特征] 体长13.5~14.5mm，淡褐色，密布黑色小刻点。头方形；触角第1、2、3节三棱形，第4节长纺锤形。前翅不达腹部末端，革片上无黑色斑纹。

[生活习性] 寄主为柑橘、豆类植物。

[保护等级] 无。

[分布情况] 在国内分布于湖北、北京、陕西、黑龙江、吉林、辽宁、天津、河北、河南、江苏、浙江、福建、湖南、广东、四川、贵州等。在后河保护区分布于康家坪、百溪河等，所见频率中等。

纹须同缘蝽 Homoeocerus striicornis

纹须同缘蝽 *Homoeocerus striicornis*

[目] 半翅目 Hemiptera

[科] 缘蝽科 Coreidae

[形态特征] 成虫体长18.0~21.0mm，宽5.0~6.0mm。身体草绿色或黄褐色。触角红褐色；复眼黑色，单眼红色。前胸背板较长；侧角呈锐角，上有黑色颗粒。小盾片草绿色或棕褐色。前翅革片烟褐色；膜片烟黑色，透明。

[生活习性] 成虫、若虫主要为害柑橘、合欢、紫荆花与茄科、豆科植物，以及玉米、高粱等。

[保护等级] 无。

[分布情况] 在国内分布于湖北、河北、北京、甘肃、浙江、江西、四川、台湾、广东、海南、云南等。在后河保护区分布于水滩头、百溪河等，所见频率较高。

一点同缘蝽 Homoeocerus unipunctatus

一点同缘蝽 Homoeocerus unipunctatus

[目] 半翅目 Hemiptera

[科] 缘蝽科 Coreidae

[形态特征] 成虫体长13.5～14.5mm。体黄褐色。触角第1～3节略呈三棱形，具黑色小颗粒。前翅革片中央有1个小斑点。

[生活习性] 寄主为梧桐、豆科植物，在油茶、合欢、麻栎、水稻、玉米、高粱上亦能采到。

[保护等级] 无。

[分布情况] 在国内分布于湖北、浙江、福建、江苏、江西、台湾、广东、云南、西藏等。在后河保护区分布于宝塔坡、百溪河等，所见频率中等。

环胫黑缘蝽 *Hygia lativentris*

[目] 半翅目 Hemiptera

[科] 缘蝽科 Coreidae

[形态特征] 体长9.0～11.0mm，体黑色。各腿节、胫节具环纹。

[生活习性] 植食性昆虫，喜吸食植物的营养器官、嫩芽等。

[保护等级] 无。

[分布情况] 在国内分布于湖北等。在后河保护区所见频率较低。

环胫黑缘蝽 *Hygia lativentris*

月肩莫缘蝽 Molipteryx lunata

月肩莫缘蝽 Molipteryx lunata

[目] 半翅目 Hemiptera

[科] 缘蝽科 Coreidae

[形态特征] 体长25.0～35.0mm，深褐色，密被黄褐色细毛。触角细长，第1节最长，第4节赭色。前胸背板向前扩展，扩展部内缘有大齿，外缘锯齿状；前胸背板侧角尖锐，向前伸出于前胸背板的前缘；前胸背板中部比较光平。小盾片有细横皱纹，顶端具黑色瘤状突起。腹部扩展，侧接缘显著外露；腹部背面红色。雄虫后足股节较粗，端半部背面及内面具短刺突，胫节内面超过中部处呈角状扩展；雌虫后足股节较细，胫节简单。

[生活习性] 分布于低、中海拔山区，常出现于禾本科植物上。

[保护等级] 无。

[分布情况] 在国内分布于湖北等地。在后河保护区分布于锁口、顶坪、羊子溪等，所见频率中等。

褐莫缘蝽 Molipteryx fuliginosa

褐莫缘蝽 Molipteryx fuliginosa

[目] 半翅目 Hemiptera

[科] 缘蝽科 Coreidae

[形态特征] 体褐色。前胸背板强烈扩展呈翅状。后足股节膨大,内侧具刺。

[生活习性] 植食性昆虫,喜吸食植物的营养器官、嫩芽等。

[保护等级] 无。

[分布情况] 在国内分布于湖北、江西、辽宁、江苏等。在后河保护区分布于核桃垭等,所见频率较低。

大稻缘蝽 *Leptocorisa acuta*

大稻缘蝽 *Leptocorisa acuta*

[目] 半翅目 Hemiptera

[科] 蛛缘蝽科 Alydidae

[形态特征] 体长18.5 mm左右。复眼红色。头部、前胸背板、小盾片及腹部绿色。前翅革质部与膜质部皆为暗褐色。各足绿色细长，胫节以下渐呈黄褐色。

[生活习性] 成虫、若虫刺吸稻株、穗汁液。喜温湿。

[保护等级] 无。

[分布情况] 在国内分布于湖北、广东、广西、海南、云南、台湾等。在后河保护区分布于干沟河、关岔湾等，所见频率较低。

点蜂缘蝽 *Riptortus pedestris*

[目] 半翅目 Hemiptera

[科] 蛛缘蝽科 Alydidae

[形态特征] 成虫体长15.0～17.0mm，宽3.6～4.5mm。体狭长，黄褐色至黑褐色，被白色细绒毛。头在复眼前部成三角形，后部细缩如颈。触角第1、2、3节端部稍膨大，基半部色淡；第4节基部距1/4处色淡。头、胸部两侧的黄色光滑斑纹成点斑状或消失。足与体同色，后足腿节粗大，有黄斑。腹面具4个较长的刺和多个小齿。

[生活习性] 主要为害蚕豆、豌豆、菜豆、绿豆、大豆、豇豆、昆明鸡血藤、毛蔓豆等豆科植物，亦为害水稻、麦类、高粱、玉米、红薯、棉花、甘蔗、丝瓜等。

[保护等级] 无。

[分布情况] 在国内分布于湖北、浙江、江西、广西、四川、贵州、云南等。在后河保护区分布于野猫岔、高岩河、南山、庙岭、张家台等，所见频率中等。

点蜂缘蝽 *Riptortus pedestris*

粗角网蝽 *Copium japonicum*

粗角网蝽 Copium japonicum

[目] 半翅目 Hemiptera

[科] 网蝽科 Tingidae

[形态特征] 头小，复眼发达，无单眼。前胸和前翅密布网状小室。

[生活习性] 植食性昆虫。

[保护等级] 无。

[分布情况] 在国内分布于湖北等。在后河保护区分布于南山等，所见频率较低。

悬铃木方翅网蝽 Corythucha ciliata

悬铃木方翅网蝽 Corythucha ciliata

[目] 半翅目 Hemiptera

[科] 网蝽科 Tingidae

[形态特征] 体长3.2~3.7mm；体背乳白色，体腹面黑褐色，足和触角浅黄色，前翅基1/3近中部具1个黑斑；头兜、前胸侧背板和前翅呈网格状，前胸侧背板边缘和前翅前缘及侧缘基半部具小刺列。

[生活习性] 寄主植物为悬铃木。成虫产卵于叶背面的叶脉交叉处。

[保护等级] 无。

[分布情况] 在国内分布于湖北、北京、河南、山东、上海、江苏、浙江、江西、湖南、重庆、贵州等。在后河保护区分布于杨家河等，所见频率低。

阿凹大叶蝉 *Bothrogonia addita*

阿凹大叶蝉 *Bothrogonia addita*

[目] 半翅目 Hemiptera

[科] 叶蝉科 Cicadellidae

[形态特征] 体大型，体长 12.0～19.0mm。绝大多数种类具黑色斑点，体多为黄褐色、橙黄色、橘红色或红棕色等。头冠前端宽圆突出；颜面适度隆起。前翅长超过腹部末端，翅脉明显。雌虫第 7 腹部后缘中央深凹，故名"阿凹大叶蝉"。

[生活习性] 植食性昆虫；善于跳跃。

[保护等级] 无。

[分布情况] 在国内分布于湖北、西藏、四川、广东、江西、海南、香港等。在后河保护区分布于南山、百溪河、水滩头等，所见频率中等。

黄面横脊叶蝉 *Evacanthus interruptus*

[目] 半翅目 Hemiptera

[科] 叶蝉科 Cicadellidae

[形态特征] 头冠前端钝圆突出，中长稍短于前胸背板中长，冠面黑色，侧脊明显；单眼着生在侧脊的凹陷区域内，位于复眼和头冠顶端的中央，颜面棕黄色。前胸背板和中胸小盾片均为黑色。前翅爪片边缘浅黄色，前缘域和爪缝具有浅橙黄色的条斑；翅面黑色，端室处为棕色。

[生活习性] 寄主为玉米、小麦、黑麦等禾本植物，以及苜蓿、三叶草等豆科植物。

[保护等级] 无。

[分布情况] 在国内分布于湖北、新疆、西藏、陕西、甘肃、四川、河南、宁夏、吉林、黑龙江、河北、广西、贵州、河南、浙江、云南、福建、台湾等。在后河保护区分布于栗子坪、界头、长坡、核桃垭等，所见频率较低。

黄面横脊叶蝉 *Evacanthus interruptus*

橙带突额叶蝉 *Gunungidia aurantiifasciata*

橙带突额叶蝉 Gunungidia aurantiifasciata

[目] 半翅目 Hemiptera

[科] 叶蝉科 Cicadellidae

[形态特征] 前胸背板较头部宽，其上着生大量的小刻痕，前缘着生4个小黑斑。前翅黄白色，翅面具多条橙色横条纹，翅端部褐色透明。

[生活习性] 生活在植株上，能飞善跳；主要取食植物的叶子。

[保护等级] 无。

[分布情况] 在国内分布于湖北、湖南、浙江、江西、福建、广东、海南等。在后河保护区分布于老屋场、百溪河等，所见频率中等。

窗耳叶蝉 *Ledra auditura*

窗耳叶蝉 *Ledra auditura*

[目] 半翅目 Hemiptera

[科] 叶蝉科 Cicadellidae

[形态特征] 雄虫体长14.0mm左右，雌虫体长18.0mm左右。体暗褐色，常有赤色色泽；腹面及足色较淡，黄褐色。头部向前钝圆突出，头冠中央及两侧区具"山"字形隆起，两侧各有一大一小的2个低凹区，此凹区薄而色淡，半透明似"天窗"；头冠具刻点，前部具散生的颗粒突。前胸背板后部两侧突起呈片状且相当大，在雄虫中向上直立，雌虫更大且向上前方略倾斜；末端色深暗。前翅半透明，带黄褐色，散布刻点及褐色小点。各足胫节具稀疏深暗色小颗粒突起。

[生活习性] 吸食灌木汁液。

[保护等级] 无。

[分布情况] 在国内分布于湖北、重庆、台湾等。在后河保护区分布于张家台等，所见频率低。

白斑宽广翅蜡蝉 *Pochazia albomaculata*

白斑宽广翅蜡蝉 *Pochazia albomaculata*

[目] 半翅目 Hemiptera

[科] 广翅蜡蝉科 Ricaniidae

[形态特征] 成虫体长6.0～7.5mm。头胸部黑褐色至烟褐色；足和腹部褐色；前翅翅面仅具白色前缘斑，呈近三角形。外观似蛾类，静止的时候，翅膀呈屋脊状覆盖在身体上方。

[生活习性] 植食性昆虫。

[保护等级] 无。

[分布情况] 在国内分布于湖北、贵州等。在后河保护区分布于大阴坡等，所见频率中等。

丽纹广翅蜡蝉 *Ricanula pulverosa*

[目] 半翅目 Hemiptera

[科] 广翅蜡蝉科 Ricaniidae

[形态特征] 展翅宽15.0～18.0mm。体背与上翅基部1/3区呈黑色或黑褐色底色，具许多黄色的横向细波纹；上翅端部2/3区主要呈紫褐色，中央具1枚黑色圆斑；上翅前缘区具黑色斜线，中央具白斑，端部区具2枚黑点。

[生活习性] 栖息于低、中海拔山区。

[保护等级] 无。

[分布情况] 在国内分布于湖北、江西、陕西、浙江、云南、福建、海南、台湾等。在后河保护区分布于南山等，所见频率较低。

丽纹广翅蜡蝉 *Ricanula pulverosa*

斑衣蜡蝉 Lycorma delicatula

斑衣蜡蝉 Lycorma delicatula

[目] 半翅目 Hemiptera

[科] 蜡蝉科 Fulgoridae

[形态特征] 成虫体长15.0～25.0mm，翅展40.0～50.0mm，灰褐色。触角朱红色。前翅革质，基部约2/3为淡褐色，翅面具有20个左右的黑点；端部约1/3为深褐色。后翅膜质，基部鲜红色，具有黑点；端部黑色。翅脉白色，呈网状。翅膀颜色偏蓝色为雄性，翅膀颜色偏米色为雌性。

[生活习性] 成虫、若虫均具有群栖性，飞翔能力较弱，但善于跳跃。主要取食臭椿、柳等，还可取食香椿、刺槐、苦楝、楸、榆、青桐、白桐、悬铃木、三角枫、五角枫、栎、女贞、合欢、杨、柳、化香、珍珠梅、杏、李、桃、海棠、葡萄、黄杨等。有时发生量很大，分泌的蜜露很多，有些树木被刺吸后受伤处可流出汁液。

[保护等级] 无。

[分布情况] 在国内分布于湖北、北京、四川、贵州、福建、河北、山西、陕西、甘肃、山东、河南、江苏、安徽、浙江、台湾、广东、云南等。在后河保护区分布于蝴蝶谷、百溪河、羊子溪等，所见频率高。

褐缘蛾蜡蝉 *Salurnis marginella*

褐缘蛾蜡蝉 *Salurnis marginella*

[目] 半翅目 Hemiptera

[科] 蛾蜡蝉科 Flatidae

[形态特征] 成虫体长7.0mm左右。头部黄赭色。中胸背板发达，有红褐色纵带4条，其余部分为绿色。腹部侧扁灰黄绿色，覆盖有白色蜡粉。前翅绿色或黄绿色。爪片端部有一显著的马蹄形褐斑，斑的中央灰褐色，网状脉纹明显隆起。前中足褐色、后足绿色。

[生活习性] 成虫喜潮湿畏阳光。为害茶树等。

[保护等级] 无。

[分布情况] 在国内分布于湖北、安徽、江苏、浙江、重庆、四川、广西、广东等。在后河保护区分布于凉风洞等，所见频率低。

瘤鼻象蜡蝉 *Saigona fulgoroides*

瘤鼻象蜡蝉 Saigona fulgoroides

[目] 半翅目 Hemiptera

[科] 象蜡蝉科 Dictyopharidae

[形态特征] 成虫体长15.0mm左右，翅展28.0mm左右，头突5.0mm左右。体背面栗褐色，腹面黄褐色。头向前平直突出；头突比腹部稍短，头突表面具波状纵脊7条。前胸背板中脊草黄色；中胸背板中脊处有1条明显的草黄色纵带。翅透明，前翅翅痣黑色，近梭形；前后翅脉纹深褐色。足黄褐色。腹节黑色，其背面散布黄褐色斑点。

[生活习性] 寄主为蕨类植物、杂草等。

[保护等级] 无。

[分布情况] 在国内分布于湖北、湖南、福建、台湾、陕西、江苏、安徽、浙江、江西、广东、广西、四川、贵州等。在后河保护区分布于长坡等，所见频率低。

斑带丽沫蝉 *Cosmoscarta bispecularis*

[目] 半翅目 Hemiptera

[科] 沫蝉科 Cercopidae

[形态特征] 成虫体长13.0~15.5mm。头部、前胸背板和前翅橘红色，黑色斑带明显。前翅基部到网状区之间有7个黑斑，基部1个近三角形，其他6个分为2横列，由于2横列斑均趋于融合，形成宽横带，故有斑带丽沫蝉之名。

[生活习性] 寄主植物为油茶、杉树、银杏、落羽杉、泡桐、白玉兰、相思、桑、茶树、火炬松、桃、栗、咖啡等。

[保护等级] 无。

[分布情况] 在国内分布于湖北、陕西、甘肃等。在后河保护区分布于水滩头、百溪河等，所见频率中等。

斑带丽沫蝉 *cosmoscarta bispecularis*

紫胸丽沫蝉 *Cosmoscarta exultans*

紫胸丽沫蝉 Cosmoscarta exultans

[目] 半翅目 Hemiptera

[科] 沫蝉科 Cercopidae

[形态特征] 成虫体长约14.0mm。头及前胸背板蓝黑色，带有光泽。小盾片及前翅基部血红色；前翅端部黑色，中间黄白色，有多个大型斑点排成2列。

[生活习性] 常聚集在灌木上。

[保护等级] 无。

[分布情况] 在国内分布于湖北、江西、福建、重庆、四川、广东、广西、贵州、云南等。在后河保护区分布于长坡等，所见频率较低。

橘红丽沫蝉 Cosmoscarta mandarina

橘红丽沫蝉 Cosmoscarta mandarina

[目] 半翅目 Hemiptera

[科] 沫蝉科 Cercopidae

[形态特征] 雄虫体长14.6～17.0mm，雌虫15.6～17.2mm。头（包括颜面）及前胸背板紫黑色，具光泽；复眼灰色。前翅黑色，翅基或翅端部网状脉纹区之前各有1条橘黄色横带。

[生活习性] 生活在植物上；善跳跃。

[保护等级] 无。

[分布情况] 在国内分布于湖北、云南等。在后河保护区分布于锁口、核桃垭、百溪河、大阴坡、高岩河边等，所见频率较高。

黑斑丽沫蝉 *Cosmoscarta dorsimacula*

黑斑丽沫蝉 Cosmoscarta dorsimacula

[目] 半翅目 Hemiptera

[科] 沫蝉科 Cercopidae

[形态特征] 成虫体长15.0～17.0mm。头部橘红色，颜面隆起。前胸背板有4个黑斑；其中近前缘的2个小，近圆形；近后缘的2个大，近长方形。前翅橘红色，翅端部网状脉纹区褐黄色，翅基与翅端部网状脉纹区之间有7个黑斑；后翅灰白色、透明，脉纹深褐色。

[生活习性] 成虫、若虫均栖于核桃、野葡萄、艾等，主要吸食其汁液。

[保护等级] 无。

[分布情况] 在国内分布于湖北、江苏、江西、四川、贵州、广东等。在后河保护区分布于百溪河等，所见频率中等。

四斑象沫蝉 *Philagra quadrimaculata*

[目] 半翅目 Hemiptera

[科] 尖胸沫蝉科 Aphrophoridae

[形态特征] 雄虫体长11.8～13.0mm，雌虫体长13.6～15.4mm。体暗褐色。头突细长并向前上方突出；背面及腹部面端半部近黑色，颜面褐色。

[生活习性] 寄生于竹类。

[保护等级] 无。

[分布情况] 在国内分布于湖北、陕西、山东、安徽、浙江、江西、福建、广东、广西、四川、云南、贵州、西藏、甘肃等。在后河保护区分布于栗子坪、长坡、顶坪等，所见频率中等。

四斑象沫蝉 *Philagra quadrimaculata*

白胸三刺角蝉 Tricentrus allabens

白胸三刺角蝉 Tricentrus allabens

[目] 半翅目 Hemiptera

[科] 角蝉科 Membracidae

[形态特征] 复眼大，半球形，黄褐色。肩角发达，三角形，端部钝。上肩角伸向侧上方，顶端尖，后弯。后突起纤细且直，有3条脊，顶端尖。

[生活习性] 喜生活在树上；吸食大量树汁，排出蜜露，与蚂蚁形成共生关系。

[保护等级] 无。

[分布情况] 在国内分布于湖北、陕西、西藏、江苏、浙江、台湾等。在后河保护区分布于独岭等，所见频率低。

斑蝉 *Gaeana maculata*

斑蝉 *Gaeana maculata*

[目] 半翅目 Hemiptera

[科] 蝉科 Cicadidae

[形态特征] 体长31.0～37.0mm，翅展88.0～106.0mm。体黑色，被黑色绒毛。复眼灰褐色，较突出。中胸背板有4个黄褐色斑纹，中间一对较小，两侧一对较大。前后翅不透明；前翅黑褐色，基半部有5个黄褐色斑点，端半部斑纹灰白色；后翅基半部斑纹黄白色，端半部黑褐色，有5个灰白色斑点。

[生活习性] 可被世界稀有种柱孢野村菌感染。

[保护等级] 无。

[分布情况] 在国内分布于湖北、福建、广东、广西、海南、云南、湖南、四川等。在后河保护区分布于百溪河等，所见频率中等。

斑透翅蝉 Hyalessa maculaticollis

斑透翅蝉 Hyalessa maculaticollis

[目] 半翅目 Hemiptera

[科] 蝉科 Cicadidae

[形态特征] 雄虫体长30.0~36.0mm，雌虫体长30.8~35.7mm。体色主要为黑色和绿色，胸部和腹部部分区域有白色蜡粉覆盖。头部绿色；单眼红色，复眼褐色。前胸背板内片为黑底绿斑，中轴有1条感叹号形的绿斑，两侧各有3块绿色斑纹；前胸背板外片两侧各有2块黑色斑纹。中胸背板黑色，有6对较明显的绿色斑点；中央1对"八"字形短斑，两侧围绕着3对对称的斑点。前后翅均为透明薄膜质感；前翅有1排4个烟褐色斑点；后翅没有斑纹。

[生活习性] 主要栖息在丘陵地带的森林，也会出现于城市环境中，偏好疏水性好的斜坡。利用刺吸式口器扎入杨、柳、桃等多种树木中吸取汁液，产卵也通常在这些树木根部附近的土壤中。

[保护等级] 无。

[分布情况] 在国内分布于湖北、北京、河北、辽宁、江苏、浙江、安徽、江西、山东、河南、湖南、四川、贵州、陕西、甘肃、新疆、台湾等。在后河保护区分布于羊子溪等，所见频率较低。

蟪蛄 *Platypleura kaempferi*

[目] 半翅目 Hemiptera

[科] 蝉科 Cicadidae

[形态特征] 体长20.0mm左右，翅展65.0mm左右。体淡黄绿色；单眼红褐色；复眼灰褐色且具黑斑。前胸背板反折上翘，前缘中央的纵斑、基域中央菱形纹及两侧凹陷处的斑点全为黑色。盾片基部具4枚黑色纵斑，其外侧2枚最长。前翅黄绿色且具透明白斑和黑褐色斑，翅脉黄绿色。腹部背、腹面黑色，各节后缘黄绿色。

[生活习性] 成虫通过刺吸式口器刺入植物木质部吸取汁液。

[保护等级] 无。

[分布情况] 在国内分布于湖北、贵州、湖南、河北、陕西、山东、河南、江苏、安徽、浙江、江西、福建、广东等。在后河保护区分布于水滩头、百溪河、老屋场、林业队等，所见频率较高。

蟪蛄 *Platypleura kaempferi*

程氏网翅蝉 *Polyneura cheni*

程氏网翅蝉 *Polyneura cheni*

[目] 半翅目 Hemiptera

[科] 蝉科 Cicadidae

[形态特征] 体黑色，被金色细毛。头冠黑色，无斑纹；复眼红色，后缘黑色；单眼红色。中胸背板黑色，中部有2个大的赭黄色角状斑。前翅阔，最大长度约为宽度的3倍，结脉处具带状黄绿色长纹，翅脉绿色，翅室可多达约30个。

[生活习性] 多栖息于海拔1000～1700m植被较好的林中。多数时间栖息在较高大的树干上。以壳斗科植物汁液为食，喜于早晨日光初照时在树冠外层叶片上停留并鸣叫求偶。

[保护等级] 无。

[分布情况] 在国内分布于湖北、四川、重庆、云南等。在后河保护区分布于大阴坡、顶坪等，所见频率中等。

黄基东螳蛉 *Orientispa flavacoxa*

黄基东螳蛉 *Orientispa flavacoxa*

[目] 脉翅目 Neuroptera

[科] 螳蛉科 Mantispidae

[形态特征] 体长10.0～18.0mm，前翅长10.0～16.0mm。体黄色，多褐斑。前胸细长，前端的膨大部分占整个前胸长的1/4，前胸分布有对称的黄色条斑，背中一条褐带由上至下渐粗，腹面基本褐色，仅上端为黄色，内侧黑色。中后足基节黄色，转节整体褐色，余者大部分黄色。翅透明，翅脉黑色，翅痣褐色至暗褐色，大小形状不规则。腹部黄色具有显著暗褐色斑，末端几节整体黄色。

[生活习性] 具有捕食性。

[保护等级] 无。

[分布情况] 在国内分布于湖北、福建、重庆、浙江等。在后河保护区分布于宝塔坡等，所见频率低。

花边星齿蛉 Protohermes costalis

花边星齿蛉 Protohermes costalis

[目] 广翅目 Megaloptera

[科] 齿蛉科 Corydalidae

[形态特征] 雄性体长30.0～34.0mm，前翅长41.0～48.0mm，后翅长36.0～41.0mm。雌性体长45.0～52.0mm，前翅长48.0～51.0mm，后翅长42.0～45.0mm。头部黄褐色，无任何斑纹；触角近锯齿状，黑褐色，但柄节和梗节黄色；口器黄色或黄褐色，但上颚端半部黑褐色。胸部黄色。腹部褐色，被黄色短毛。

[生活习性] 完全变态昆虫。幼虫主要栖息于干净、清澈、较少受到污染的河流溪沟的石头下，水中以气管鳃和毛簇呼吸，捕食水生昆虫等小型节肢动物，对水质变化比较敏感。

[保护等级] 无。

[分布情况] 在国内分布于湖北、云南、贵州、河南、湖南、江西、安徽、浙江、福建、广西、广东、台湾等。在后河保护区分布于干沟河、水滩头等，所见频率中等。

琉璃突眼虎甲 *Therates fruhstorferi*

[目] 鞘翅目 Coleoptera

[科] 步甲科 Carabidae

[形态特征] 体长12.0～15.0mm。复眼向外突出。翅鞘、体背为蓝紫色，具金属光泽；在翅鞘中央，左右各有1枚白色斑点。

[生活习性] 生活在低、中低海拔山区；行动敏捷。

[保护等级] 无。

[分布情况] 在国内分布于湖北、台湾等。在后河保护区分布于老屋场等，所见频率较低。

琉璃突眼虎甲 *Therates fruhstorferi*

金斑虎甲 *Cosmodela aurulenta*

金斑虎甲 *Cosmodela aurulenta*

[目] 鞘翅目 Coleoptera

[科] 步甲科 Carabidae

[形态特征] 成虫体狭长,中等大小,身体常具金属光泽。头大,复眼突出;触角丝状;鞘翅长,盖于整个腹部。

[生活习性] 捕食昆虫。

[保护等级] 无。

[分布情况] 在国内分布于湖北、江苏、浙江、福建、台湾、广东、四川、贵州、云南等。在后河保护区分布于百溪河等,所见频率中等。

拉步甲 *Carabus lafossei*

拉步甲 *Carabus lafossei*

[目] 鞘翅目 Coleoptera

[科] 步甲科 Carabidae

[形态特征] 成虫体长30.0~40.0mm，有多种色型，通常全身金属绿色，前胸背板及鞘翅外缘泛金红色光泽。其头部细长。前胸背板鞍形，中间高，两侧低，外缘略翘。鞘翅上有黑色、蓝黑色或蓝绿色瘤突组成的6列纵线，3条较粗，3条较细，粗细相间排列，鞘翅末端上翘外分。足细长，善急走。

[生活习性] 喜潮湿；成虫和幼虫均昼伏夜出；多捕食多汁的蜗牛、蚯蚓、鳞翅目幼虫，是一种天敌昆虫。

[保护等级] 国家二级保护野生动物；《中国物种红色名录（2004）》近危（NT）物种。珍稀甲虫，生境狭窄，人为捕采较严重。

[分布情况] 中国特有种，分布于湖北、江苏、浙江、福建、吉林、河南、江西、贵州等。在后河保护区分布于百溪河等，所见频率较低。

双斑青步甲 *Chlaenius bioculatus*

双斑青步甲 *Chlaenius bioculatus*

[目] 鞘翅目 Coleoptera

[科] 步甲科 Carabidae

[形态特征] 体长14.0～15.0mm，宽5.0mm。头和前胸背板有金属光泽。鞘翅近卵圆形，黑色，无光泽，近端部3/4处各有1个黄斑。足黄褐色。背板具刻点及横皱纹。

[生活习性] 常见于大豆田中，喜藏匿于大豆的卷叶中。

[保护等级] 无。

[分布情况] 在国内分布于湖北、湖南、四川、云南、浙江和福建等南方地区。在后河保护区分布于百溪河等，所见频率较低。

星斑虎甲 *Cylindera kaleea*

[目] 鞘翅目 Coleoptera

[科] 步甲科 Carabidae

[形态特征] 成虫体长8.0～9.0mm，宽2.0～2.5mm。体背墨绿色或黑色，有光泽；腹面黑色，具绿色光泽。鞘翅斑纹金黄色，很小，肩斑呈小星斑。

[生活习性] 具有捕食性和趋光性。

[保护等级] 无。

[分布情况] 在国内分布于湖北、北京、陕西、甘肃、河北、河南、山东、江苏、上海、浙江、江西、福建、台湾、湖南、广东、广西、香港、四川、贵州、云南等。在后河保护区分布于百溪河、野猫岔等，所见频率较低。

星斑虎甲 *Cylindera kaleea*

耶屁步甲 *Pheropsophus jessoensis*

耶屁步甲 *Pheropsophus jessoensis*

[目] 鞘翅目 Coleoptera

[科] 步甲科 Carabidae

[形态特征] 成虫体长12.0~20.5mm，宽5.0~8.0mm。头及前胸背板黄色，头部中央常有一黑斑。前胸背板前缘、后缘及中央黑色，黑色部分常连成"I"字形。鞘翅及小盾片黑色，鞘翅肩胛及中部有明显的黄色斑，中部的黄斑较大。

[生活习性] 成虫腹末会喷射防御液；捕食鳞翅目等昆虫幼虫。

[保护等级] 无。

[分布情况] 在国内分布于湖北、北京、辽宁、河北、山东、江苏、上海、浙江、江西、福建、广东、广西、四川、贵州、云南等。在后河保护区分布于百溪河、老屋场等，所见频率中等。

中华虎甲 *Cicindela chinensis*

中华虎甲 *Cicindela chinensis*

[目] 鞘翅目 Coleoptera

[科] 步甲科 Carabidae

[形态特征] 成虫体长17.5~22.0mm，宽7.0~9.0mm。复眼大而突出；触角细长，丝状。头、胸、足和腹部腹面具强烈金属光泽。头和胸背板的前、后为绿色，背板中部金红色或金绿色。鞘翅底色深蓝，无光泽，沿鞘翅基部、端部、侧缘和翅缝为翠绿色，有时翅缝和基部还具有红色光泽。在距翅基约1/4处有1条横贯全翅的金红色或金绿色宽横带。足绿色或蓝绿色，前、中后腿节中部红色。

[生活习性] 成虫和幼虫均为捕食性，捕食昆虫。

[保护等级] 无。

[分布情况] 在国内分布于湖北、新疆、甘肃、陕西、山西、河北、河南、山东、安徽、江苏、江西、浙江、福建、广东、海南、香港、湖南、广西、贵州、四川、云南等。在后河保护区分布于百溪河等，所见频率中等。

蝎步甲 *Dolichus halensis*

蝎步甲 Dolichus halensis

[目] 鞘翅目 Coleoptera

[科] 步甲科 Carabidae

[形态特征] 体长16.0~20.0mm，宽5.0~6.5mm。体黑色。头部光亮且无刻点，额部比较平坦。鞘翅狭长，末端窄缩，中部有长形斑，两翅合成舌形大斑。足的腿节和胫节为黄色。

[生活习性] 捕食夜蛾等蛾类的幼虫、蝼蛄、蛴螬等。

[保护等级] 无。

[分布情况] 在国内分布于湖北、北京、陕西、甘肃、青海、新疆、内蒙古、黑龙江、吉林、辽宁、河北、山西、河南、山东、江苏、安徽、江西、福建、湖南、广东、广西、四川、贵州、云南等。在后河保护区分布于黄粮坪等，所见频率较低。

梭毒隐翅虫 *Paederus fuscipes*

[目] 鞘翅目 Coleoptera

[科] 隐翅虫科 Staphylinidae

[形态特征] 体细长，长为6.5~7.0mm。头、鞘翅、腹末端黑棕色，稍光亮，上覆白细毛；触角、前胸背板、腹部、足为棕褐色且有光泽。头呈扁圆形。前胸背板平，呈椭圆形，两侧近乎平行。鞘翅呈长椭圆形。足褐黄色。

[生活习性] 成虫捕食多种昆虫，如桃粉大尾蚜、黏虫及多种飞虱、叶蝉、蚜虫、蓟马、椿象等，也可捕食红蜘蛛。

[保护等级] 无。

[分布情况] 在国内分布于湖北、北京、天津、河北、山东、河南、江苏、江西、四川、台湾、福建、广东、广西、贵州、云南等。在后河保护区分布于杨家河等，所见频率较低。

梭毒隐翅虫 *Paederus fuscipes*

黑负葬甲 *Nicrophorus concolor*

黑负葬甲 Nicrophorus concolor

[目] 鞘翅目 Coleoptera

[科] 隐翅虫科 Staphylinidae

[形态特征] 体大型，有些个体长可达45.0mm。复眼鼓凸，前胸背板中央明显隆拱。鞘翅平滑，后部近1/3处微向下弯折呈坡。末端第2～3腹部背板外露。

[生活习性] 常飞到灯下，具有假死性。

[保护等级] 无。

[分布情况] 在国内分布于湖北、黑龙江、吉林、辽宁、内蒙古、宁夏、河北、山西、山东、河南、江苏、安徽、浙江、江西、湖南、广东、广西、福建、台湾、重庆、四川、云南、贵州、海南等。在后河保护区分布于易家湾、锁口等，所见频率较低。

黄角尸葬甲 Necrodes littoralis

黄角尸葬甲 Necrodes littoralis

[目] 鞘翅目 Coleoptera

[科] 隐翅虫科 Staphylinidae

[形态特征] 体长18.0～24.0mm，体宽扁，后部因鞘翅平截而显方。头黑色，略带极微弱的蓝绿色金属光泽；触角黑色，末端3节被银灰色微毛，使得颜色较浅。鞘翅黑色或具微蓝绿的金属色，哑光或具较弱的光泽，刻点细致紧密。

[生活习性] 取食动物尸体或捕食其上的蛆等。

[保护等级] 无。

[分布情况] 在国内分布于湖北、北京、陕西、甘肃、青海、新疆、黑龙江、河北、安徽、浙江、江西、福建、湖南、广东、广西、四川、云南、西藏等。在后河保护区分布于老屋场等，所见频率较低。

尼泊尔覆葬甲 Nicrophorus nepalensis

尼泊尔覆葬甲 Nicrophorus nepalensis

[目] 鞘翅目 Coleoptera

[科] 隐翅虫科 Staphylinidae

[形态特征] 体长15.0~24.0mm。体黑色，具橙红色斑。触角锤部4节，端部3节橘黄色。前胸背板具横向和纵向的沟，将其分成6个肿块。鞘翅前后均具橘红色斑，斑内均具小黑点。

[生活习性] 成虫具有趋光性。

[保护等级] 无。

[分布情况] 在国内分布于湖北、北京、陕西、甘肃、青海、内蒙古、河北、天津、河南、山东、江苏、浙江、安徽、江西、福建、台湾、湖南、广东、广西、海南、四川、贵州、云南、西藏等。在后河保护区分布于易家湾等，所见频率低。

黯环锹 *Cyclommatus scutellaris*

[目] 鞘翅目 Coleoptera

[科] 锹甲科 Lucanidae

[形态特征] 雄虫体长 17.0～47.0mm，雌虫体长 15.0～23.0mm。大型雄虫体色为黄褐色至褐色，大颚端部前后分叉，大颚基部有大齿突，颚中央另有一小内齿突，复眼后侧有皱纹状的条纹；小型个体大颚较短，内侧呈锯齿状；前胸背板两条黑色侧带不完整，翅鞘布满细点刻，较无光泽；前足胫节具有明显金色短毛。雌虫鞘翅接合处有黑色条纹，前缘端角有枚黑斑，体背布满微细的点刻，略具光泽。

[生活习性] 飞行能力强；具有趋光性。

[保护等级] 无。

[分布情况] 在国内分布于湖北、台湾、浙江等。在后河保护区分布于水滩头、老屋场等，所见频率较低。

黯环锹 *Cyclommatus scutellaris*

斑股锹甲（华北亚种）*Lucanus maculifemoratus dybowskyi*

斑股锹甲（华北亚种）*Lucanus maculifemoratus dybowskyi*

[目] 鞘翅目 Coleoptera

[科] 锹甲科 Lucanidae

[形态特征] 雄虫体长43.0～68.0mm。体红褐色至黑褐色，被黄色绒毛。头部大于前胸背板，且后侧缘隆起，呈耳状突起，随着个体变小，这一耳状突起渐小，甚至消失；上颚长大，端部分2叉，基部1/3处具大齿，其间具4～6个小齿。足腿节背面具黄褐色长椭圆形斑。

[生活习性] 成虫具有趋光性。

[保护等级] 无。

[分布情况] 在国内分布于湖北、北京、陕西、黑龙江、辽宁、河北、山西、河南、福建、台湾、四川、贵州、云南等。在后河保护区分布于杨家河等，所见频率中等。

两点赤锯锹 *Prosopocoilus astacoides blanchardi*

[目] 鞘翅目 Coleoptera

[科] 锹甲科 Lucanidae

[形态特征] 雄虫体长25.0～70.0mm，雌虫体长18.0～35.0mm。体黄褐色。雄虫大颚细长，中央有一较大内齿突；近端部有数个稍小的内齿突；前胸背板两侧各有一黑色小圆斑。雌虫前胸背板两侧各有一黑色小圆斑。

[生活习性] 白天常见于流汁树上，具有趋光性。

[保护等级] 无。

[分布情况] 在国内分布于湖北、台湾等。在后河保护区分布于水滩头、杨家河等，所见频率中等。

两点赤锯锹 *Prosopocoilus astacoides blanchardi*

中华扁锹甲 *Serrognathus titanus platymelus*

中华扁锹甲 Serrognathus titanus platymelus

[目] 鞘翅目 Coleoptera

[科] 锹甲科 Lucanidae

[形态特征] 体长29.0~48.8mm（包括上颚）。全体黑色光亮。头部较平；唇基短宽，中央深凹，呈二裂形；上颚扁宽，前端向内侧弯曲，内侧各有1个大齿突。前胸背板甚短宽，侧缘中点前有1个刺突。鞘翅相对较短，表面光滑。足稍细长，前足胫节外缘具小齿，端齿叉状。

[生活习性] 常见于阔叶林壳斗科的树木上；具有趋光性。

[保护等级] 无。

[分布情况] 在国内分布于湖北、江苏等。在后河保护区分布于茅坪等，所见频率较低。

短毛斑金龟 *Lasiotrichius succinctus*

[目] 鞘翅目 Coleoptera

[科] 金龟科 Scarabaeidae

[形态特征] 体长9.0~12.0mm，宽4.3~6.0mm。体小到中型，长椭圆形，体色黑。鞘翅前阔后狭，肩突、端突发达，密被柔弱绒毛。前臀大部外露，密被淡灰白短齐绒毛，呈一横带；臀板三角形，密被深褐绒毛。

[生活习性] 在多种植物（如萝藦、狼尾花、小叶女贞、华北蓝盆花、照山白等）的花上活动，吸食花蜜和花粉，也取食花瓣。

[保护等级] 无。

[分布情况] 在国内分布于湖北、黑龙江、吉林、辽宁、北京、河北、山西、陕西、山东、河南、江苏、浙江、福建、广西、四川、云南、宁夏、甘肃、青海、内蒙古等。在后河保护区分布于林业队、长坡、顶坪等，所见频率中等。

短毛斑金龟 *Lasiotrichius succinctus*

台湾绒金龟 Maladera formosae

台湾绒金龟 Maladera formosae

[目] 鞘翅目 Coleoptera

[科] 金龟科 Scarabaeidae

[形态特征] 成虫体长8.0～11.0mm，呈肉桂棕色。

[生活习性] 以农作物、树叶为食；具有趋光性。

[保护等级] 无。

[分布情况] 在国内分布于湖北、台湾等。在后河保护区分布于老屋场、易家湾等，所见频率中等。

鞘翅目 Coleoptera ////// 135

曲带弧丽金 *Popillia pustulata*

曲带弧丽金龟 *Popillia pustulata*

[目] 鞘翅目 Coleoptera

[科] 金龟科 Scarabaeidae

[形态特征] 体长7.0～10.5mm，宽4.5～6.5mm。体墨绿色，前胸背板和小盾片带强烈金属光泽。鞘翅黑色，有时红褐色，具漆光，每鞘翅中部各有1条浅褐色曲横带，有时分裂为2斑，带、斑有时不明显。鞘翅背面有6条刻点深沟行，行距脊状隆起。臀板有2个大毛斑。

[生活习性] 善于飞行。

[保护等级] 无。

[分布情况] 在国内分布于湖北、陕西、山东、江苏、浙江、江西、湖南、福建、广东、广西、四川、贵州、云南等。在后河保护区分布于窑湾岭等，所见频率中等。

光沟异丽金龟 Anomala laevisulcata

光沟异丽金龟 Anomala laevisulcata

[目] 鞘翅目 Coleoptera

[科] 金龟科 Scarabaeidae

[形态特征] 体长10.0～14.0mm。体长椭圆形，浅黄褐色。头部刻点细密，前半部略粗带皱。鞘翅表面匀布密而颇粗横刻纹和刻点。腹面和足浅红褐或红褐色，前胸背板有时具不明显略暗不定形斑。

[生活习性] 善于飞行。

[保护等级] 无。

[分布情况] 在国内分布于湖北、江西、湖南、福建、浙江、广东、海南、广西等。在后河保护区分布于老屋场等，所见频率较低。

蓝边矛丽金龟 *Callistethus plagiicollis*

[目] 鞘翅目 Coleoptera

[科] 金龟科 Scarabaeidae

[形态特征] 体长12.7~17.4mm。体背淡黄褐色，油亮。头腹面具铜绿色、铜紫色金属闪光。前胸背板和小盾片略紫，具铜色光泽；前胸背板侧缘具蓝紫色带，几达后角。腹部褐色。足节端部以下黑褐色至黑色，具金属闪光。

[生活习性] 取食爬山虎、葡萄、山葡萄等植物；较活跃；成虫具趋光性。

[保护等级] 无。

[分布情况] 在国内分布于湖北、北京、辽宁、河北、河南、山西、安徽、江西、福建、台湾、广西、四川、云南等。在后河保护区分布于易家湾、长坡、栗子坪等，所见频率中等。

蓝边矛丽金龟 *Callistethus plagiicollis*

棉花弧丽金龟 Popilla mutans

棉花弧丽金龟 Popilla mutans

[目] 鞘翅目 Coleoptera

[科] 金龟科 Scarabaeidae

[形态特征] 体长11.0~14.0mm，宽6.0~8.0mm。体深蓝色带紫色，有绿色闪光；背面中间宽，稍扁平，头尾较窄。前胸背板弧拱明显；小盾片短阔三角形，大；鞘翅短阔，后方明显收狭；足黑色粗壮。

[生活习性] 为害月季、紫藤、葡萄、紫薇、大丽花、金盏菊、蜀葵等。成虫白天活动，喜食寄主的花器和嫩叶。

[保护等级] 无。

[分布情况] 在国内分布于湖北、上海、辽宁、山西、甘肃、陕西、河南、河北、山东、江苏、浙江、四川、台湾等。在后河保护区分布于王先念屋场等，所见频率中等。

棕脊头鳃金龟 *Miridiba castanea*

棕脊头鳃金龟 *Miridiba castanea*

[目] 鞘翅目 Coleoptera

[科] 金龟科 Scarabaeidae

[形态特征] 体长19.5~21.0mm。体暗褐色，鞘翅略浅，体背无毛。近头顶具横脊。小盾片钝三角形，密布刻点。鞘翅近翅端稍扩大，布满刻点。臀板具毛，腹面具长毛。

[生活习性] 具有趋光性。

[保护等级] 无。

[分布情况] 在国内分布于湖北、北京、山西、四川等。在后河保护区分布于易家湾、老屋场等，所见频率中等。

泥红槽缝叩甲 Agrypnus argillaceus

泥红槽缝叩甲 Agrypnus argillaceus

[目] 鞘翅目 Coleoptera

[科] 叩甲科 Elateridae

[形态特征] 体狭长，体长15.5mm左右，体宽5.0mm左右。体朱红色或红褐色；前胸背板底色黑色；鞘翅底色红褐色；鞘翅宽于前胸，表面有明显粗刻点，排列成行，直至端部；小盾片底色黑色；触角、足及腹面黑色；全身密被有茶色、红褐色或朱红色的鳞片短毛。

[生活习性] 幼虫取食华山松、核桃、核桃楸等植物的细根和苗木的根茎。

[保护等级] 无。

[分布情况] 在国内分布于湖北、北京、甘肃、内蒙古、吉林、辽宁、台湾、广西、四川、贵州、云南等。在后河保护区分布于易家湾、独岭、顶坪等，所见频率中等。

朱肩丽叩甲 *Campsosternus gemma*

[目] 鞘翅目 Coleoptera

[科] 叩甲科 Elateridae

[形态特征] 体长36.0mm左右,体宽10.0mm左右。全身光亮,无毛,椭圆形,铜绿色。前胸背板两侧红色。鞘翅等宽于前胸,自中部向后逐渐变狭,侧缘上卷,端部锐尖。

[生活习性] 常见于苦楝、木梨等植物上。

[保护等级] 国家保护的有重要生态、科学、社会价值的陆生野生动物。

[分布情况] 在国内分布于湖北、江苏、安徽、浙江、江西、湖南、福建、台湾、重庆、四川、贵州等。在后河保护区分布于老屋场、百溪河等,所见频率低。

朱肩丽叩甲 *Campsosternus gemma*

华丽花萤 *Themus regalis*

华丽花萤 *Themus regalis*

[目] 鞘翅目 Coleoptera

[科] 花萤科 Cantharidae

[形态特征] 体大型，长17.0～24.0mm，宽4.5～7.0mm。雄性头圆形，金属蓝色；腹面黄色，具弱金属光泽；前胸背板矩形，黄色，中央具1个不规则黑斑；鞘翅金属蓝色，两侧向后稍变狭；足金属蓝黑色；中、后胸腹板深蓝色，具弱金属光泽；腹部黑色，身体密布深棕色短软毛；雌性与雄性相似，但体稍宽大。

[生活习性] 成虫、幼虫均有捕食性。

[保护等级] 无。

[分布情况] 在国内分布于湖北、天津、山西、陕西、甘肃、江苏、江西、海南、广西、重庆、四川、贵州、云南等。在后河保护区分布于百溪河等，所见频率中等。

鞘翅目 Coleoptera ////// 143

彩虹吉丁 *Chrysochroa fulgidissima*

彩虹吉丁 *Chrysochroa fulgidissima*

[目] 鞘翅目 Coleoptera

[科] 吉丁虫科 Buprestidae

[形态特征] 体长30.0～40.0mm。体色金绿色，全身像一艘船，两端上翘。头部密布不规则粗刻点，前胸背板和鞘翅各有1条紫红色纵带；将鞘翅放大看如彩虹般绚丽，上面密布了致密的细刻点。

[生活习性] 成虫以一些落叶乔木如朴、榉、桃、樱、栎等树叶为食。具有假死行为。

[保护等级] 无。

[分布情况] 在国内分布于南方。在后河保护区分布于百溪河等，所见频率低。

黄胸圆纹吉丁 Coraebus sauteri

黄胸圆纹吉丁 *Coraebus sauteri*

[目] 鞘翅目 Coleoptera

[科] 吉丁虫科 Buprestidae

[形态特征] 体中型，细长卵形。鞘翅近翅端具2条窄绒毛斑；近翅端的1条直，不延伸至翅端；第2条波曲状，在前胸背板和鞘翅盘区具绒毛斑。鞘翅黑色及身体腹面黑色，前胸背板具白色或黄色绒毛。

[生活习性] 生活在低、中海拔山区。成虫取食多种悬钩子属植物，常集体出现，常在植物上啃食叶片。

[保护等级] 无。

[分布情况] 在国内分布于湖北、江苏、台湾等。在后河保护区分布于康家坪、顶坪、老屋场、栗子坪等，所见频率中等。

铜胸纹吉丁 *Coraebus cloueti*

[目] 鞘翅目 Coleoptera

[科] 吉丁虫科 Buprestidae

[形态特征] 头和前胸背板铜黄色，鞘翅蓝绿色或暗蓝色，或全体铜绿色。头短，头顶平，额面中央纵向宽凹，两侧隆突，双结状；额面布满稠密的灰白色长绒毛。鞘翅基部凹窝，后半部具2条白色横绒毛斑纹；第1条弯曲，近"N"字形；第2条微弯。

[生活习性] 常寄生于悬钩子属植物上，啃食其叶片。

[保护等级] 无。

[分布情况] 在国内分布于湖北、江西等。在后河保护区分布于康家坪、百溪河等，所见频率较低。

铜胸纹吉丁 *Coraebus cloueti*

柳树潜吉丁 *Trachys minutus*

柳树潜吉丁 Trachys minutus

[目] 鞘翅目 Coleoptera

[科] 吉丁虫科 Buprestidae

[形态特征] 体长卵圆形，后部略尖。头和前胸背板铜色，有的整体黑色或紫色。鞘翅黑色略带紫色或蓝色光泽。身体腹面和足黑色，略带铜色光泽。背面具稀疏灰色绒毛。

[生活习性] 寄主为柳属植物。

[保护等级] 无。

[分布情况] 在国内分布于湖北、陕西、湖南等。在后河保护区分布于蝴蝶谷等，所见频率较低。

橙带肿角拟花萤 *Intybia kishiii*

橙带肿角拟花萤 *Intybia kishiii*

[目] 鞘翅目 Coleoptera

[科] 囊花萤科 Malachiidae

[形态特征] 体长约3.6mm，体黑色，体背密生刻点。雄虫触角近基部膨大扭曲，雌虫触角则正常。前胸背板中段最宽，侧缘弧形，基部缩窄。鞘翅有1条宽大鲜艳的橙红色横带，侧缘具不明显的白色系。各足黑色。

[生活习性] 分布于低海拔山区。

[保护等级] 无。

[分布情况] 在国内分布于湖北、台湾等。在后河保护区分布于高岩河等，所见频率低。

赤腹栉角萤 *Vesta impressicollis*

赤腹栉角萤 *Vesta impressicollis*

[目] 鞘翅目 Coleoptera

[科] 萤科 Lampyridae

[形态特征] 体长17.0mm左右。体橙红色，头、触角、足、鞘翅黑色。雄虫触角栉状，雌虫触角锯齿状。前胸背板前缘中央突出，弧形，后角稍尖。鞘翅两侧近于平行，具3~4条隆脊。腹节后侧角尖。发光器小，点状。

[生活习性] 成虫白天活动，雌虫和雄虫均有飞行能力，飞行速度慢。发微弱的持续白色荧光。

[保护等级] 无。

[分布情况] 在国内分布于湖北、四川、贵州、陕西、福建、广西、北京、河北、安徽、浙江、云南、湖南、台湾等。在后河保护区分布于百溪河、老屋场、界头、顶坪等，所见频率较高。

红胸窗萤 *Pyrocoelia formosana*

[目] 鞘翅目 Coleoptera

[科] 萤科 Lampyridae

[形态特征] 雄虫体长12.3～13.7mm，雌虫体长15.1～17.0mm。触角锯齿状；前胸背板呈半圆形、黑色，前缘部有2枚明显的肾形透明斑，中后方有1枚橙红色方形斑块；前翅黑色；腹部末端无明显发光器。雌虫翅退化。

[生活习性] 成虫、幼虫均有捕食性。

[保护等级] 无。

[分布情况] 在国内分布于湖北、台湾、江苏、浙江等。在后河保护区分布于老屋场、百溪河、易家湾等，所见频率高。

红胸窗萤 *Pyrocoelia formosana*

弦月窗萤 *Pyrocoelia lunata* 幼虫

弦月窗萤 *Pyrocoelia lunata*

[目] 鞘翅目 Coleoptera

[科] 萤科 Lampyridae

[形态特征] 雄萤体长17.0~22.0mm，背板清晰、弦月形。雌萤体长32.0~47.0mm，黄褐色，有1对短小鞘翅，形状不稳定。幼虫黑色，散布不规则浅褐色小点，最后两节背两侧接近平直。幼虫也能发光。

[生活习性] 幼虫取食蜗牛。雄萤在空中慢飞，发持续的光；晚间活动时间较迟开始，日落后一小时才陆续现身，至日落后四小时左右。雌萤极罕见。

[保护等级] 无。

[分布情况] 在国内分布于湖北、香港等。在后河保护区分布于老屋场等，所见频率较低。

鞘翅目 Coleoptera

大端黑萤 *Abscondita anceyi*

大端黑萤 *Abscondita anceyi*

[目] 鞘翅目 Coleoptera

[科] 萤科 Lampyridae

[形态特征] 雄萤体长14.0 mm左右，雌萤体长18.0 mm左右。头黑色；触角黑色，丝状；复眼发达。前胸背板橙黄色，后缘角尖锐。鞘翅橙黄色，鞘翅末端有大型黑斑，密布细小绒毛。

[生活习性] 常栖息于草地、荒废的田野。捕食蚯蚓、蜗牛或蚂蚁。

[保护等级] 无。

[分布情况] 在国内分布于湖北、福建、广东、广西、浙江、四川、台湾等。在后河保护区分布于百溪河等，所见频率较低。

三斑特拟叩甲 *Tetraphala collaris*

三斑特拟叩甲 Tetraphala collaris

[目] 鞘翅目 Coleoptera

[科] 大蕈甲科 Erotylidae

[形态特征] 体长11.5～13.5mm。体黑色，具蓝色光泽。触角端部4节膨大，第5节近似珠形。前胸背板橙黄色，具黑斑，中央斑稍大。鞘翅具整齐的刻点列。

[生活习性] 成虫在接骨木上活动。

[保护等级] 无。

[分布情况] 在国内分布于湖北、北京、辽宁、江苏、江西、浙江、福建、台湾、海南、贵州、云南、西藏等。在后河保护区分布于大阴坡等，所见频率较低。

六斑异瓢虫 *Aiolocaria hexaspilota*

[目] 鞘翅目 Coleoptera

[科] 瓢虫科 Coccinellidae

[形态特征] 体长9.5～10.5mm。体圆而大。前胸背板黑色，两侧具白色或浅黄色大斑。鞘翅具红黑两色，斑纹变化多，但翅外缘和鞘缝多是黑色，鞘翅的中后部有1条黑色横带，或者横带分裂成2个部分；在翅的基部及近端部各有1个黑斑，常与翅中的横斑相连。

[生活习性] 捕食多种叶甲（赤杨叶甲、杨叶甲、漆树叶甲和核桃扁叶甲）的卵、幼虫和蛹，也捕食叶蜂幼虫、蚜虫等。

[保护等级] 无。

[分布情况] 在国内分布于湖北、北京、陕西、甘肃、内蒙古、黑龙江、吉林、辽宁、河北、山西、河南、福建、台湾、四川、贵州、云南、西藏等。在后河保护区分布于百溪河等，所见频率中等。

六斑异瓢虫 *Aiolocaria hexaspilota*

异色瓢虫 Harmonia axyridis

异色瓢虫 *Harmonia axyridis*

[目] 鞘翅目 Coleoptera

[科] 瓢虫科 Coccinellidae

[形态特征] 体长5.4～8.0mm；体色和斑纹变异大。前胸背板斑纹多变，或白色，有4～5个黑斑；或相连形成"八"或"M"字形斑；或黑斑扩大，仅侧缘具1个大白斑；或白斑缩小，仅外缘白色；或仅前角的两侧缘浅色。鞘翅可分为浅色型和深色型两类，每一鞘翅上最多9个黑斑和合在一起的小盾斑，这些斑点部分或全部消失，出现无斑、2斑、4斑、6斑、9～19斑等，或扩大相连等；深色型鞘翅黑色，通常每一鞘翅具2或4个红斑，红斑可大可小，有时在红斑中出现黑点等。大多数个体在鞘翅末端7/8处具1个明显的横脊。

[生活习性] 捕食多种蚜虫、蚧虫，以及叶甲、蛾类幼虫等，食物不足时可捕食其他瓢虫，甚至自相残杀。成虫具趋光性。

[保护等级] 无。

[分布情况] 在国内广泛分布（除广东南部及香港外）。在后河保护区分布于界头、易家湾、野猫岔等，所见频率中等。

菱斑食植瓢虫 Epilachna insignis

菱斑食植瓢虫 *Epilachna insignis*

[目] 鞘翅目 Coleoptera

[科] 瓢虫科 Coccinellidae

[形态特征] 体长9.5~11.0mm。体近于心形，体背明显拱起。前胸背板中央具1个黑斑。每鞘翅有7个黑斑，其中，近鞘缝的2个斑可相连组成共同斑或分离。

[生活习性] 取食葫芦科植物。

[保护等级] 无。

[分布情况] 在国内分布于湖北、北京、陕西、甘肃、河北、河南、山东、江苏、安徽、江西、福建、广东、广西、四川、云南等。在后河保护区分布于百溪河等，所见频率低。

四斑原伪瓢虫 *Eumorphus quadriguttatus*

四斑原伪瓢虫 *Eumorphus quadriguttatus*

[目] 鞘翅目 Coleoptera

[科] 伪瓢虫科 Endomychidae

[形态特征] 体长形，隆突，黑色，具弱光泽。鞘翅斑黄色。肩部隆起形成顶圆的瘤。

[生活习性] 成虫具有假死性。

[保护等级] 无。

[分布情况] 在国内分布于湖北、云南、湖南、广西、台湾、海南等。在后河保护区分布于顶坪、老屋场等，所见频率较低。

红头豆芫菁 *Epicauta ruficeps*

[目] 鞘翅目 Coleoptera

[科] 芫菁科 Meloidae

[形态特征] 体长9.5～22.0mm，宽3.5～6.5mm。体黑色，被黑毛。头红色；头部刻点细小；触角细长。鞘翅基部宽于前胸，两侧近于平行。体腹面光亮，腹部末节腹板后缘中央缺刻。

[生活习性] 杂食性害虫，主要取食蚕豆、大豆和马铃薯等的叶片和花瓣，尤其喜食植物的嫩叶。活泼善爬，并且能做短距离的飞翔。

[保护等级] 无。

[分布情况] 在国内分布于湖北、四川、贵州、云南、安徽、湖南、江西、福建、广西等。在后河保护区分布于王先念屋场、百溪河等，所见频率中等。

红头豆芫菁 *Epicauta ruficeps*

八星粉天牛 *Olenecamptus octopustulatus*

八星粉天牛 Olenecamptus octopustulatus

[目] 鞘翅目 Coleoptera

[科] 天牛科 Cerambycidae

[形态特征] 体长8.0~15.0mm，体淡棕黄色。触角极细长，为体长的2~3倍多。前胸背板中区两侧各有白色大斑点2个，一前一后，有时愈合。每鞘翅上有4个大白斑，排成直行。

[生活习性] 寄主植物为栎属、枫杨。

[保护等级] 无。

[分布情况] 在国内分布于湖北、辽宁、内蒙古、河南、陕西、宁夏、江苏、安徽、浙江、江西、湖南、福建、台湾、广东、四川、贵州等。在后河保护区分布于百溪河等，所见频率低。

桑树黄星天牛 *Psacothea hilaris*

桑树黄星天牛 *Psacothea hilaris*

[目] 鞘翅目 Coleoptera

[科] 天牛科 Cerambycidae

[形态特征] 体长15.0～30.0mm。体基色黑，全身密被深灰色或灰绿色绒毛，并饰有杏仁黄或麦秆黄色的绒毛斑纹。头部中央直纹1条。前胸背板两侧各有长形毛斑2个，前后排成一直行。鞘翅一般具相当多的小型圆斑点。

[生活习性] 寄主植物为桑、无花果、油桐等。

[保护等级] 无。

[分布情况] 在国内分布于湖北、北京、河北、河南、陕西、甘肃、江苏、安徽、浙江、江西、湖南、福建、台湾、广东、海南、广西、四川、贵州、云南等。在后河保护区分布于老屋场、百溪河、凉风洞公园等，所见频率中等。

紫艳白星大天牛 *Anoplophora albopicta*

紫艳白星大天牛 Anoplophora albopicta

[目] 鞘翅目 Coleoptera

[科] 天牛科 Cerambycidae

[形态特征] 体长48.0～50.0mm，体硕壮。头部黑色；触角细长，具黑、白相间的斑纹。前胸背板黑色，矩形，左右各有1枚尖长的刺突。鞘翅为鲜艳的紫色至黑紫色，具强烈光泽，在不同光源下颜色差异大，翅面有4～5列横向白斑。

[生活习性] 飞行敏捷；喜阳光。

[保护等级] 无。

[分布情况] 在国内分布于湖北、台湾等。在后河保护区分布于顶坪等，所见频率较低。

暗翅筒天牛 *Oberea fuscipennis*

[目] 鞘翅目 Coleoptera

[科] 天牛科 Cerambycidae

[形态特征] 体长14.0～18.0mm。体狭长，淡红黄褐色。触角最基部黑色，端部黑褐色，中部各节淡红棕色；触角第3节甚长于柄节。鞘翅赭色，端部黑褐色；鞘翅具深刻点至端部；翅端斜凹缘，缝角及外端角具齿。

[生活习性] 成虫飞翔力强，特别是晴天日中，而早晨、傍晚及阴雨天不喜飞翔，平时常停息于桑叶叶背，具假死性。取食桑、构树、黄桷树、无花果、野梨、苎麻、长叶水麻等植物。

[保护等级] 无。

[分布情况] 在国内分布于湖北、河北、江苏、浙江、江西、湖南、福建、台湾、广东、海南、香港、广西、四川、贵州、西藏等。在后河保护区分布于老屋场等，所见频率中等。

暗翅筒天牛 *Oberea fuscipennis*

六斑绿虎天牛 *Chlorophorus simillimus*

六斑绿虎天牛 *Chlorophorus simillimus*

[目] 鞘翅目 Coleoptera

[科] 天牛科 Cerambycidae

[形态特征] 体长11.5mm左右。体黑色，被绿色绒毛。前胸及鞘翅具无毛区，呈现黑斑。前胸背板中央具1个叉形黑斑，两侧略前方具小圆斑。鞘翅各具6个斑，基部、中部及近端部各具2斑，近端斑常相连。

[生活习性] 幼虫寄生于核桃、光叶榉、麻栎、鹅耳枥、鸡爪槭等。

[保护等级] 无。

[分布情况] 在国内分布于湖北、北京、陕西、宁夏、甘肃、青海、新疆、内蒙古、黑龙江、吉林、辽宁、河北、山西、河南、山东、浙江、江西、福建、湖南、广西、四川等。在后河保护区分布于野猫岔、百溪河等，所见频率中等。

鞘翅目 Coleoptera

苜蓿多节天牛 *Agapanthia amurensis*

苜蓿多节天牛 *Agapanthia amurensis*

[目] 鞘翅目 Coleoptera

[科] 天牛科 Cerambycidae

[形态特征] 体长10.0~21.0mm。体金属深蓝色或紫蓝色；头、胸及体腹面近蓝黑色。触角比体长；柄节粗而长，渐向端部膨大；柄节及第3节端部具簇毛。头、胸刻点粗深，每个刻点着生黑色长竖毛。鞘翅狭长，两侧近于平行；翅端圆形。

[生活习性] 多见于蒿属植物上，也可见于牛扁、独活等植物上。

[保护等级] 无。

[分布情况] 在国内分布于湖北、北京、陕西、内蒙古、黑龙江、吉林、河北、河南、山东、江苏、浙江、江西、福建、湖南、四川等。在后河保护区分布于锁口等，所见频率中等。

山茶连突天牛 *Anastathes parva*

山茶连突天牛 *Anastathes parva*

[目] 鞘翅目 Coleoptera

[科] 天牛科 Cerambycidae

[形态特征] 体黄褐色至褐色；体被金黄色毛。触角、复眼及上颚端部黑色；触角腹面被长缨毛。

[生活习性] 寄主植物为山茶。

[保护等级] 无。

[分布情况] 在国内分布于湖北、云南、四川、湖南、广东、广西、海南、福建等。在后河保护区分布于南山等，所见频率较低。

松墨天牛 *Monochamus alternatus*

[目] 鞘翅目 Coleoptera

[科] 天牛科 Cerambycidae

[形态特征] 体长15.0~28.0mm。体橙黄色至赤褐色，鞘翅上饰有黑色与灰白色斑点。前胸背板有2条橙黄色条纹，与3条黑色纵纹相间。前胸侧刺突较大，圆锥形。

[生活习性] 寄主植物为马尾松、冷杉、云杉、鸡眼藤、雪松、桧属、落叶松。

[保护等级] 无。

[分布情况] 在国内分布于湖北、北京、河北、山东、河南、陕西、江苏、安徽、浙江、江西、湖南、福建、台湾、广东、香港、广西、四川、贵州、云南、西藏等。在后河保护区分布于庙岭等，所见频率较低。

松墨天牛 *Monochamus alternatus*

桃红颈天牛 *Aromia bungii*

桃红颈天牛 *Aromia bungii*

[目] 鞘翅目 Coleoptera

[科] 天牛科 Cerambycidae

[形态特征] 体长26.0～37.0mm，体漆黑色，光亮。前胸背板红色，前后缘黑色，或前胸背板全为黑色，两侧近中部具尖锐侧刺突。背板前后缘缢凹，密布横皱纹，背面前后各具2对光滑瘤突。

[生活习性] 幼虫蛀食桃、杏、李、梅、樱桃的枝干，具排粪孔，有时树下可见大量虫粪。

[保护等级] 无。

[分布情况] 在国内分布于湖北、北京、陕西、甘肃、内蒙古、黑龙江、吉林、辽宁、河北、山西、河南、山东、江苏、浙江、安徽、江西、福建、湖南、广东、广西、四川、贵州、云南等。在后河保护区分布于百溪河、老屋场等，所见频率中等。

眼斑齿胫天牛 *Paraleprodera diophthalma*

[目] 鞘翅目 Coleoptera

[科] 天牛科 Cerambycidae

[形态特征] 体长 17.5～30.0mm。全身密被灰黄色绒毛。每个鞘翅基部中央有 1 个眼状斑纹，眼斑周缘为一圈黑褐色绒毛，圈内有几个粒状刻点及被覆淡黄褐色绒毛；中部外侧有 1 个大型近半圆形或略呈三角形深咖啡色斑纹，斑纹边缘黑色。

[生活习性] 寄主植物为板栗。

[保护等级] 无。

[分布情况] 在国内分布于湖北、河北、河南、陕西、江苏、安徽、浙江、江西、湖南、福建、广西、四川、贵州、云南等。在后河保护区分布高岩河等，所见频率低。

眼斑齿胫天牛 *Paraleprodera diophthalma*

樱红肿角天牛 *Neocerambyx oenochrous*

樱红肿角天牛 *Neocerambyx oenochrous*

[目] 鞘翅目 Coleoptera

[科] 天牛科 Cerambycidae

[形态特征] 成虫体长39.0～50.0mm，体宽12.0～15.0mm。体黑色，具光泽。头、胸及鞘翅被深红色丝绒状短毛；触角及足被灰褐色细毛。前胸侧刺突短小，呈三角形；背面具横脊及2个小瘤突。鞘翅背面绒毛紧密，呈现不规则的花纹。

[生活习性] 取食山樱花，也为害蔷薇科的桃、李。

[保护等级] 无。

[分布情况] 在国内分布于湖北、浙江、安徽、福建、江西、湖南、广西、四川、贵州、云南、西藏、台湾等。在后河保护区分布于渔洋关等，所见频率低。

中华柄天牛 *Aphrodisium sinicum*

[目] 鞘翅目 Coleoptera

[科] 天牛科 Cerambycidae

[形态特征] 体长15.0～26.5mm，体绿色。头、前胸背板深绿色；触角黑褐，柄节略蓝黑；鞘翅墨绿色，端部带蓝黑色；鞘翅长形，两侧近于平行，端缘尖圆。前、中足蓝色，后足紫罗蓝色；后足较长，前、中足腿节较膨大。体腹面绿色，被覆银灰色绒毛。

[生活习性] 寄主为栎属植物。

[保护等级] 无。

[分布情况] 在国内分布于湖北、浙江、福建、广东、四川、云南等。在后河保护区分布于张家台、长坡等，所见频率较低。

中华柄天牛 *Aphrodisium sinicum*

苎麻双脊天牛 *Paraglenea fortunei*

苎麻双脊天牛 *Paraglenea fortunei*

[目] 鞘翅目 Coleoptera

[科] 天牛科 Cerambycidae

[形态特征] 体长9.5~17.0mm。触角黑色，基部3、4节被草绿色或淡蓝色绒毛。体被极厚密的淡色绒毛，从淡草绿色到淡蓝色，并饰有黑色斑纹，由体底色和黑绒毛所组成。前胸背板淡色，中区两侧各有1个圆形黑斑。

[生活习性] 为害苎麻、木槿、桑等植物。

[保护等级] 无。

[分布情况] 在国内分布于湖北、河北、河南、陕西、江苏、安徽、浙江、江西、湖南、福建、台湾、广西、广东、四川、贵州、云南等。在后河保护区分布于老屋场、庙岭、百溪河等，所见频率较高。

黑角瘤筒天牛 *Linda atricornis*

黑角瘤筒天牛 *Linda atricornis*

[目] 鞘翅目 Coleoptera

[科] 天牛科 Cerambycidae

[形态特征] 体长14.0～17.5mm，体宽3.0～4.0mm。体长圆筒形，鞘翅中部表面及两侧均微凹。复眼、触角、鞘翅黑色；足黑色，足节基部1/3到3/4及膝部一般呈橙黄色；体其他部分为橙红或橙黄色。前胸背板中区拱凸，中央隐约有1条纵脊纹，两侧中后方各有一瘤状隆起，无侧刺突。

[生活习性] 为害苹果、梅、李。

[保护等级] 无。

[分布情况] 在国内分布于湖北、江苏、浙江、江西、福建、广东、广西、四川等。在后河保护区分布于锁口等，所见频率较低。

拟蜡天牛 *Stenygrinum quadrinotatum*

拟蜡天牛 *Stenygrinum quadrinotatum*

[目] 鞘翅目 Coleoptera

[科] 天牛科 Cerambycidae

[形态特征] 体长8.0～14.0mm。体深红色或赤褐色，头与前胸深暗；鞘翅有光泽，中间1/3呈黑色或棕黑色，此深黑色区域有前后2个黄色椭圆形斑纹。前胸略成圆筒形，中间稍宽。小盾片密被灰色绒毛。鞘翅有绒毛及稀疏竖毛末端成锐圆形。

[生活习性] 寄主为栎属、栗属植物。

[保护等级] 无。

[分布情况] 在国内分布于湖北、黑龙江、吉林、辽宁、内蒙古、北京、河北、山东、河南、陕西、甘肃、江苏、安徽、浙江、江西、湖南、福建、台湾、广东、广西、重庆、四川、贵州、云南等。在后河保护区分布于顶坪等，所见频率较低。

百合负泥虫 *Lilioceris lilii*

[目] 鞘翅目 Coleoptera

[科] 叶甲科 Chrysomelidae

[形态特征] 成虫体长6.0~9.0mm，具较长的足和触角。腹面、足、眼睛、触角和头部为黑色。复眼较大。胸部有2条凹槽。鞘翅呈鲜红色且有光泽。

[生活习性] 具有假死性；以百合科植物的茎、叶、花为食。

[保护等级] 无。

[分布情况] 在国内分布于湖北、黑龙江、吉林、内蒙古、新疆等。在后河保护区分布于王先念屋场、水滩头等，所见频率中等。

百合负泥虫 *Lilioceris lilii*

黑额光叶甲 *Physosmaragdina nigrifrons*

黑额光叶甲 Physosmaragdina nigrifrons

[目] 鞘翅目 Coleoptera

[科] 叶甲科 Chrysomelidae

[形态特征] 体长6.5~7.0mm。头漆黑。前胸背板红褐色，具1对黑斑或无。鞘翅红褐色，具2条宽横带。足黑色。

[生活习性] 取食紫薇、蒿属、栗属、地锦、柳等植物的嫩叶。

[保护等级] 无。

[分布情况] 在国内分布于湖北、北京、陕西、宁夏、黑龙江、吉林、辽宁、河北、山西、河南、山东、江苏、安徽、浙江、江西、福建、台湾、湖南、广东、广西、四川、贵州等。在后河保护区分布于水滩头、康家坪等，所见频率中等。

黑长头肖叶甲 *Fidia atra*

黑长头肖叶甲 *Fidia atra*

[目] 鞘翅目 Coleoptera

[科] 叶甲科 Chrysomelidae

[形态特征] 体黑色，被白色毛。触角2、3节橘黄色，第1节端部橘黄色，其余黑色。头胸等宽，鞘翅宽于头胸。

[生活习性] 成虫、幼虫均为植食性。

[保护等级] 无。

[分布情况] 在国内分布于湖北、江苏等。在后河保护区分布于康家坪等，所见频率较低。

金梳龟甲 *Aspidimorpha sanctaecrucis*

金梳龟甲 Aspidimorpha sanctaecrucis

[目] 鞘翅目 Coleoptera

[科] 叶甲科 Chrysomelidae

[形态特征] 体长10.0～16.0mm，宽9.8～15.0mm。体圆形，棕黄色至棕红色。胸翅盘区均无花斑，敞边乳色或淡黄色，透明或半透明；鞘翅敞边基部及中后部有深色斑，与盘区同色，基部一个大且固定，后部有时缺如；背面中部隆起，周边平坦，边缘色淡透明，稍有翘起，活体闪金光。

[生活习性] 寄主为旋花科、马鞭草科、木兰科植物。

[保护等级] 无。

[分布情况] 在国内分布于湖北、福建、广东、广西、四川、云南等。在后河保护区分布于百溪河等，所见频率中等。

无斑叶甲 *Chrysomela collaris*

[目] 鞘翅目 Coleoptera

[科] 叶甲科 Chrysomelidae

[形态特征] 体长6.0～7.0mm，体宽2.5～3.4mm。体蓝黑色。头顶较平，纵沟纹处稍凹陷，盘区具有较密的中粗刻点；复眼远离。鞘翅基部与前胸背板基部约等宽，肩角圆滑。

[生活习性] 寄主为柳属植物。

[保护等级] 无。

[分布情况] 在国内分布于湖北、黑龙江、吉林、辽宁、内蒙古等。在后河保护区分布于老屋场等，所见频率中等。

无斑叶甲 *Chrysomela collaris*

甘薯蜡龟甲 *Laccoptera nepalensis*

甘薯蜡龟甲 *Laccoptera nepalensis*

[目] 鞘翅目 Coleoptera

[科] 叶甲科 Chrysomelidae

[形态特征] 体棕色或棕红色。前胸背板2个小黑斑，有时缺。前胸背板密布粗皱纹。鞘翅花斑变异很大；鞘翅驼顶显然突起，但不高耸，其前、后坡不隆凸。

[生活习性] 成虫、幼虫均为植食性。

[保护等级] 无。

[分布情况] 在国内分布于湖北、浙江、江苏等。在后河保护区分布于王先念屋场、康家坪、高岩河等，所见频率中等。

蒿龟甲 *Cassida fuscorufa*

蒿龟甲 *Cassida fuscorufa*

[目] 鞘翅目 Coleoptera

[科] 叶甲科 Chrysomelidae

[形态特征] 体长5.0～6.2mm，体宽3.6～4.8mm。体椭圆略带卵形。体背棕色，鞘翅具模糊而不规则且略深的斑纹。

[生活习性] 寄主为野菊和蒿属植物。

[保护等级] 无。

[分布情况] 在国内分布于湖北、北京、陕西、甘肃、黑龙江、辽宁、河北、山西、河南、山东、江苏、浙江、江西、福建、台湾、广西、海南、四川等。在后河保护区分布于大阴坡等，所见频率较低。

锯齿叉趾铁甲 *Dactylispa angulosa*

锯齿叉趾铁甲 *Dactylispa angulosa*

[目] 鞘翅目 Coleoptera

[科] 叶甲科 Chrysomelidae

[形态特征] 体长3.3～5.2mm，宽1.8～3.1mm。体长方形，端部稍宽；体背棕黄至棕红色，具黑斑。触角与体同色。前胸背板具2个黑斑；胸刺棕黄色。鞘翅具黑斑，瘤突黑色，外缘刺淡棕黄色，后侧角上有几根黑刺。

[生活习性] 寄主植物有栎、柑橘、竹、夏枯草、铁线莲、白桦、红桦、梨、杏等。

[保护等级] 无。

[分布情况] 在国内分布于湖北、北京、黑龙江、吉林、辽宁、河北、天津、山西、河南、山东、江苏、安徽、浙江、福建、台湾、广东、广西、四川、贵州、云南等。在后河保护区分布于大阴坡、庙岭等，所见频率较低。

朗短椭龟甲 *Glyphocassis lepida*

[目] 鞘翅目 Coleoptera

[科] 叶甲科 Chrysomelidae

[形态特征] 体长4.7~6.0mm，宽3.6~4.6mm。体椭圆形，棕黄色，半透明，具黑斑。

[生活习性] 成虫、幼虫均为植食性。

[保护等级] 无。

[分布情况] 在国内分布于湖北、江西、四川等。在后河保护区分布于高岩河、王先念屋场等，所见频率较低。

朗短椭龟甲 *Glyphocassis lepida*

绿缘扁角叶甲 *Platycorynus parryi*

绿缘扁角叶甲 *Platycorynus parryi*

[目] 鞘翅目 Coleoptera

[科] 叶甲科 Chrysomelidae

[形态特征] 体色鲜艳，具强烈金属光泽；体背紫红色。前胸背板横宽，中部隆起如球形，侧边弧圆。鞘翅基部圆隆。

[生活习性] 寄主为杉木属、女贞属、锡叶藤属、络石属植物。

[保护等级] 无。

[分布情况] 在国内分布于湖北、北京、江苏、浙江、湖南、福建、江西、广东、广西、四川、贵州等。在后河保护区分布于锁口、南山、羊子溪、黄家湾等，所见频率中等。

银纹毛肖叶甲 *Trichochrysea japana*

银纹毛肖叶甲 *Trichochrysea japana*

[目] 鞘翅目 Coleoptera

[科] 叶甲科 Chrysomelidae

[形态特征] 体长5.7～8.0mm，体宽2.5～3.9mm。体椭圆形，铜色或铜紫色。体背密被黑色粗硬竖毛和银白色平卧毛或半竖立细软毛；在翅中部之后各有1条由银白毛密集而成的斜横斑纹。鞘翅刻点大而深，排列成不规则纵行。

[生活习性] 植食性昆虫。

[保护等级] 无。

[分布情况] 在国内分布于湖北、北京、江苏、浙江、湖南、福建、台湾、江西、广东、海南、广西、四川、贵州、云南等。在后河保护区分布于康家坪、顶坪等，所见频率较低。

黄腹拟大萤叶甲 *Meristoides grandipennis*

黄腹拟大萤叶甲 *Meristoides grandipennis*

[目] 鞘翅目 Coleoptera

[科] 叶甲科 Chrysomelidae

[形态特征] 体长 10.5～13.5mm。体蓝色，具金属光泽；触角黑褐色；鞘翅红褐色，具紫色金属光泽；腹部红褐色。前胸背板侧方有一小型横向深沟，前侧角向前突起呈钝角状。

[生活习性] 成虫、幼虫均为植食性。

[保护等级] 无。

[分布情况] 在国内分布于湖北、台湾等。在后河保护区分布于百溪河等，所见频率中等。

陈氏分爪负泥虫 *Lilioceris cheni*

[目] 鞘翅目 Coleoptera

[科] 叶甲科 Chrysomelidae

[形态特征] 体长9.0~11.7mm，体宽4.0mm。前胸背板黑色、小盾片及鞘翅棕红至棕褐色。头、体腹面、触角及足黑色。头顶稍隆，中央有1条纵沟或一纵凹，二侧光洁，刻点极少，后头被刻点。鞘翅基部微隆，刻点整齐。

[生活习性] 寄主为薯蓣属植物。

[保护等级] 无。

[分布情况] 在国内分布于湖北、江西、福建、台湾、广东、广西、云南、四川、西藏等。在后河保护区分布于易家湾、南山等，所见频率较低。

陈氏分爪负泥虫 *Lilioceris cheni*

钩殊角萤叶甲 *Agetocera deformicornis*

钩殊角萤叶甲 *Agetocera deformicornis*

[目] 鞘翅目 Coleoptera

[科] 叶甲科 Chrysomelidae

[形态特征] 成虫体长13.0~15.0mm。头部及前胸背板为红色；触角、鞘翅、胫节端部及跗节为黑色。雄虫触角端部具一钩状物，第8节极度膨大；前胸背板基部窄，端部宽，基半部平直，端半部膨阔；鞘翅刻点细密，不规则，中缝两侧及侧缘具明显纵脊；腹端三叶状，中叶端部具一横凹。雌虫触角达鞘翅中部，圆柱状，第8节正常，比其余各节略粗；腹部末端及臀板端部皆呈半圆形凹。

[生活习性] 成虫、幼虫均为植食性。

[保护等级] 无。

[分布情况] 在国内分布于湖北、浙江等。在后河保护区分布于百溪河等，所见频率中等。

蒿金叶甲 *Chrysolina aurichalcea*

[目] 鞘翅目 Coleoptera

[科] 叶甲科 Chrysomelidae

[形态特征] 体长6.2~9.5mm，通常背面青铜色或蓝色，有时蓝紫色。触角细长，约为体长的一半。前胸背板横宽。小盾片三角形，光滑。鞘翅刻点排列不规则，有时双行排列。

[生活习性] 寄主为蒿属植物。

[保护等级] 无。

[分布情况] 在国内分布于湖北、黑龙江、吉林、辽宁、新疆、甘肃、北京、河北、山东、陕西、河南、安徽、浙江、湖南、福建、台湾、广西、四川、贵州、云南等。在后河保护区分布于王先念屋场、高岩河、黄粮坪、大阴坡等，所见频率较高。

蒿金叶甲 *Chrysolina aurichalcea*

黑条波萤叶甲 *Brachyphora nigrovittata*

黑条波萤叶甲 *Brachyphora nigrovittata*

[目] 鞘翅目 Coleoptera

[科] 叶甲科 Chrysomelidae

[形态特征] 体长3.3~4.8mm，体宽2.0~2.5mm。头、胸、足橙黄色或橙红色；触角烟色；腹部和鞘翅黑色或黑褐色，每翅中央具1条淡色纵带，宽度约占翅面1/3，有时扩大，占据大部翅面，仅翅缝和外缘黑色。鞘翅刻点细密，翅面具较稀短毛。足腿节较粗壮。

[生活习性] 成虫、幼虫均为植食性。

[保护等级] 无。

[分布情况] 在国内分布于湖北、陕西、江苏、浙江、江西、湖南、福建、广东、广西、四川等。在后河保护区分布于王先念屋场、老屋场等，所见频率较低。

黑足黑守瓜 *Aulacophora nigripennis*

[目] 鞘翅目 Coleoptera

[科] 叶甲科 Chrysomelidae

[形态特征] 体长5.9~7.1mm，体光亮。头、前胸和腹部橙黄色至橙红色；上唇、鞘翅、中胸和后胸腹板、侧板及各足均为黑色；触角烟熏色。

[生活习性] 取食葫芦科植物。

[保护等级] 无。

[分布情况] 在国内分布于湖北、北京、陕西、黑龙江、河北、山西、山东、江苏、安徽、浙江、江西、福建、台湾、湖南、广东、广西、四川、贵州、西藏等。在后河保护区分布于天门峡、百溪河等，所见频率中等。

黑足黑守瓜 *Aulacophora nigripennis*

黄色凹缘跳甲 *Podontia lutea*

黄色凹缘跳甲 *Podontia lutea*

[目] 鞘翅目 Coleoptera

[科] 叶甲科 Chrysomelidae

[形态特征] 体硕大，长方形。触角1~2节黄色，余节黑色；眼稍突出；头顶较宽，稍隆，中央有一细纵沟。鞘翅基部隆起，两侧平行，刻点排列整齐，行距平坦。背、腹面棕黄色至棕红色。足胫、跗节黑色，余同体色。

[生活习性] 成虫、幼虫均为植食性。

[保护等级] 无。

[分布情况] 在国内分布于湖北、河南、江苏、安徽、浙江、江西、福建、台湾、广东、广西、重庆、四川、贵州、云南、陕西等。在后河保护区分布于百溪河、老屋场等，所见频率中等。

蓝翅瓢萤叶甲 *Oides bowringii*

蓝翅瓢萤叶甲 *Oides bowringii*

[目] 鞘翅目 Coleoptera

[科] 叶甲科 Chrysomelidae

[形态特征] 体长10.5~15.0mm。体卵圆形，形似瓢虫，体背隆突强烈。触角末端4节黑色。鞘翅金属蓝色或绿色，周缘（除基部外）黄褐色，有时翅缝完全金属色。

[生活习性] 寄主植物为五味子。

[保护等级] 无。

[分布情况] 在国内分布于湖北、江西等。在后河保护区分布于百溪河、羊子溪等，所见频率中等。

蓝胸圆肩叶甲 *Humba cyanicollis*

蓝胸圆肩叶甲 *Humba cyanicollis*

[目] 鞘翅目 Coleoptera

[科] 叶甲科 Chrysomelidae

[形态特征] 体长 10.0～15.0mm，体宽 8.0～9.0mm。头部中央凹陷，刻点稀疏；触角短壮。体背面蓝紫色、黑紫色或绿紫色；鞘翅淡棕或深棕红色；腹部棕红色。小盾片半圆形，基部刻点细密。鞘翅刻点与前胸背板等粗，多数排列混乱，每翅有 3 条无刻点纵带，纵带两侧刻点明显成行。

[生活习性] 寄主为萝藦科植物。

[保护等级] 无。

[分布情况] 在国内分布于湖北、湖南、广东、广西、四川、贵州、云南、西藏等。在后河保护区分布于野猫岔、百溪河等，所见频率中等。

日榕萤叶甲 *Morphosphaera japonica*

[目] 鞘翅目 Coleoptera

[科] 叶甲科 Chrysomelidae

[形态特征] 体长约4.0mm。头部及鞘翅蓝色；触角、中后胸腹板及足褐色；腹部腹面黄色。头顶稍隆，具极细刻点；角后瘤显著，其后为1道横沟；触角长达鞘翅中部，第1节棒状，最长。前胸背板基缘及侧缘皆圆形，前缘内凹明显，基缘外突，前胸背板宽为长的2.5倍。盘区内排4个黑斑，中部在近基缘处有一个小黑褐色斑。鞘翅两侧平行，翅面刻点较为密集，不规则排列。

[生活习性] 成虫、幼虫均为植食性。

[保护等级] 无。

[分布情况] 在国内分布于湖北、湖南、广西、四川、贵州、浙江、福建、台湾、云南等。在后河保护区分布于老屋场等，所见频率中等。

日榕萤叶甲 *Morphosphaera japonica*

桑窝额萤叶甲 *Fleutiauxia armata*

桑窝额萤叶甲 *Fleutiauxia armata*

[目] 鞘翅目 Coleoptera

[科] 叶甲科 Chrysomelidae

[形态特征] 体长5.5~6.0mm。体黑色；头后半部及鞘翅蓝色，头前半部常为黄褐色或者黑褐色。头顶微隆，光亮无刻点。前胸背板宽大于长，两侧在中部之前稍膨阔。鞘翅两侧近于平行，基部表面稍隆，刻点密集。

[生活习性] 寄主植物为桑、枣、核桃、杨树。

[保护等级] 无。

[分布情况] 在国内分布于湖北、吉林、甘肃、河南、浙江、湖南等。在后河保护区分布于锁口等，所见频率中等。

十三斑角胫叶甲 *Gonioctena tredecimmaculata*

[目] 鞘翅目 Coleoptera

[科] 叶甲科 Chrysomelidae

[形态特征] 体短卵形，暗棕红色。头部刻点粗深。前胸背板具3个黑斑，小盾片心形，光洁，无刻点。鞘翅短阔，具10个黑斑，刻点显较前胸粗密深显、混乱。

[生活习性] 寄主为葛属植物。

[保护等级] 无。

[分布情况] 在国内分布于湖北、陕西、浙江、江西、湖南、福建、台湾、广西、四川、贵州、云南等。在后河保护区分布于大阴坡等，所见频率较低。

十三斑角胫叶甲 *Gonioctena tredecimmaculata*

黑跗瓢萤叶甲 Oides tarsata

黑跗瓢萤叶甲 Oides tarsata

[目] 鞘翅目 Coleoptera

[科] 叶甲科 Chrysomelidae

[形态特征] 体长9.0～15.0mm；体宽7.0～11.0mm。体卵形，稻草黄色至黄褐色，触角末端、后胸腹板、腹部两侧以及跗节黑褐色至黑色。触角较粗短。头顶顶具明显细刻点，中央有1条浅纵沟。鞘翅翅面刻点清楚、较密。

[生活习性] 成虫、幼虫取食葡萄叶片及嫩枝。成虫具有假死性，一经触动，便分泌出有气味的黄色滴状液体。

[保护等级] 无。

[分布情况] 在国内分布于湖北、贵州等。在后河保护区分布于老屋场、百溪河等，所见频率中等。

双斑长跗萤叶甲 *Monolepta signata*

[目] 鞘翅目 Coleoptera

[科] 叶甲科 Chrysomelidae

[形态特征] 体长3.7~4.4mm，体黄褐色。触角黑色，基部1~3节黄褐色。鞘翅褐色至黑色，每鞘翅基半部具1个近于圆形的黄白色斑，近鞘缝处的黑色或褐色斑可向端部延伸。中后胸黑色腹部淡棕黄色。足黄褐色，胫节端部及跗节黑褐色。

[生活习性] 取食豆类、十字花科蔬菜，以及杨、柳等植物。

[保护等级] 无。

[分布情况] 全国广布。在后河保护区分布于高岩河等，所见频率较低。

双斑长跗萤叶甲 *Monolepta signata*

大须喙象 *Henicolabus giganteus*

大须喙象 Henicolabus giganteus

[目] 鞘翅目 Coleoptera

[科] 卷叶象科 Attelabidae

[形态特征] 体长6.5～9.0mm，体短粗。体黄色至橘黄色，触角、足腿节端部、胫节和跗节黑色。前胸背板基部不明显缢缩。前足腿节近端部内侧具1个小瘤突。

[生活习性] 寄主植物为榛、椴、槭，幼虫在大型叶卷成的雪茄状叶包中生活。

[保护等级] 无。

[分布情况] 在国内分布于湖北、北京、内蒙古、黑龙江、吉林、辽宁、河北、福建、四川等。在后河保护区分布于康家坪等，所见频率低。

淡灰瘤象 Dermatoxenus caesicollis

淡灰瘤象 *Dermatoxenus caesicollis*

[目] 鞘翅目 Coleoptera

[科] 象甲科 Curculionidae

[形态特征] 体长7.0～12.0mm。体褐色或淡褐色。头部及口吻两侧具黑色纵带。前胸背板褐色或淡褐色，中央有黑色的纵纹，延伸至前翅内缘基部。鞘翅表面具瘤状凹凸。

[生活习性] 分布于低海拔山区。

[保护等级] 无。

[分布情况] 在国内分布于湖北、江西、台湾、浙江、江苏、安徽、湖南、福建、广西、四川等。在后河保护区分布于葛家坪、锁口、窑湾岭、南山等，所见频率较高。

鸟粪象鼻虫 *Sternuchopsis trifida*

鸟粪象鼻虫 Sternuchopsis trifida

[目] 鞘翅目 Coleoptera

[科] 象甲科 Curculionidae

[形态特征] 体长8.0~8.2mm。头部黑色，触角基节至鞭节间呈膝状。前胸背板宽圆，底色灰白色，中央黑色，表面粗糙。鞘翅前半黑色，近翅端白色。各足黑色。

[生活习性] 具有假死性；寄主植物为五节芒。

[保护等级] 无。

[分布情况] 在国内分布于湖北、台湾、江苏、福建等。在后河保护区分布于百溪河等，所见频率低。

中国癞象 *Episomus chinensis*

[目] 鞘翅目 Coleoptera

[科] 象甲科 Curculionidae

[形态特征] 体长13.0～16.0mm。体两侧、前胸中间、翅坡均白色。前胸两侧的纵纹及其延长至头部和鞘翅基部的条纹、中后足的大部分、触角索节的大部分均暗褐色或红褐色，鞘翅其余部分为褐色至红褐色。眼突出，头在眼后缩窄。鞘翅高度隆凸。

[生活习性] 行动缓慢，具有假死性。

[保护等级] 无。

[分布情况] 在国内分布于湖北、云南等。在后河保护区分布于老屋场等，所见频率中等。

中国癞象 *Episomus chinensis*

长羽瘤黑缟蝇 Minettia longipennis

长羽瘤黑缟蝇 Minettia longipennis

[目] 双翅目 Diptera

[科] 缟蝇科 Lauxaniidae

[形态特征] 体长3.2mm左右；翅长3.8mm左右。头部黑褐色。翅略微黄色、透明，翅基部淡褐色；平衡棒淡黄色，端部黑色。腹部黑色，被白灰粉。

[生活习性] 栖息地于树篱和树木繁茂的区域。幼虫以枯叶上的真菌为食。

[保护等级] 无。

[分布情况] 在国内分布于湖北、内蒙古、宁夏、甘肃、辽宁、浙江、海南、台湾等。在后河保护区分布于长坡等，所见频率较低。

灰带管蚜蝇 Eristalis cerealis

灰带管蚜蝇 Eristalis cerealis

[目] 双翅目 Diptera

[科] 食蚜蝇科 Syrphidae

[形态特征] 雄性头顶黑色，被暗棕色毛，并混以黄色毛；额黑色，具棕黑色或黑毛；颜黑色，覆金黄色粉被和黄白毛；颊覆灰白色粉被；中胸背板黑褐色，具薄淡色粉被；腹部棕黄色至红黄色；第1背板覆青灰色粉被；第2、3背板中部各具"I"字形黑斑；第2-4背板后缘黄色；第5背板黑色。雌性腹部第3背板大部黑色；背板被毛与底色一致。

[生活习性] 为传粉昆虫。

[保护等级] 无。

[分布情况] 在国内分布于湖北、河北、内蒙古、辽宁、黑龙江、江苏、浙江、安徽、福建、江西、山东、河南、湖南、广东、四川、云南、西藏、陕西、甘肃、青海、新疆、台湾等。在后河保护区分布于锁口、核桃垭、林业队等，所见频率中等。

长尾管蚜蝇 *Eristalis tenax*

长尾管蚜蝇 *Eristalis tenax*

[目] 双翅目 Diptera

[科] 食蚜蝇科 Syrphidae

[形态特征] 雄性头顶毛黑色；额黑色，毛同色；中胸背板黑色，被棕色短毛；腹部大部棕黄色，第1背板黑色；第2背板具"I"字形黑斑；第3背板黑斑与前略同，但黑斑前部不达背板前缘；第4、5背板绝大部分黑色；背板被毛棕黄色；翅痣棕色。雌性第3背板几乎全部黑色，仅前缘两侧及后缘棕黄色。

[生活习性] 为传粉昆虫。

[保护等级] 无。

[分布情况] 在国内分布于湖北、河北、山西、内蒙古、辽宁、吉林、黑龙江、江苏、浙江、安徽、福建、江西、山东、河南、湖南、广东、广西、海南、四川、贵州、云南、西藏、陕西、甘肃、青海、宁夏、新疆、台湾等。在后河保护区分布于南山路口、蝴蝶谷、林业队等，所见频率中等。

狭带条胸蚜蝇 *Helophilus eristaloidea*

[目] 双翅目 Diptera

[科] 食蚜蝇科 Syrphidae

[形态特征] 体长10.0～15.0mm。头顶棕褐色，覆棕色粉被，被黄毛。中胸背板黑色，密覆黄毛，具2对黄色或红黄色纵条。腹部棕色至黑色，具黄斑；第1背板两侧及后缘灰黄色；第2背板两侧具三角形黄斑；第3背板仅前侧角黄色；第4背板两侧略带棕红色；第2～4背板后缘黄色至棕黄色。足棕褐色至黑色；后足腿节极粗大，黑色，末端黄色至红棕色。腹面具黑色短鬃。

[生活习性] 为传粉昆虫。

[保护等级] 无。

[分布情况] 在国内分布于湖北、江苏、陕西、山东等。在后河保护区分布于大阴坡、老屋场等，所见频率高。

狭带条胸蚜蝇 *Helophilus eristaloidea*

方斑墨蚜蝇 *Melanostoma mellinum*

方斑墨蚜蝇 *Melanostoma mellinum*

[目] 双翅目 Diptera

[科] 食蚜蝇科 Syrphidae

[形态特征] 雄性头顶和额亮黑色，被黑色毛；颜黑色，覆白色粉被和细毛，中突光亮；触角暗褐色至黑色，第3节基部和下侧黄色；中胸背板和小盾片金属黑色，具光泽，被黄色短毛；腹部长约4倍于宽，黑色，第2～4节各具1对橘红色斑；足黄色；翅略呈灰色。雌性头顶和额具蓝黑色光泽，额具小的粉被侧斑。

[生活习性] 寄生于蚜虫。

[保护等级] 无。

[分布情况] 在国内分布于湖北、北京、河北、内蒙古、辽宁、吉林、黑龙江、上海、浙江、福建、江西、湖南、广西、海南、四川、贵州、云南、西藏、甘肃、青海、新疆等。在后河保护区分布于高岩河边等，所见频率较低。

羽芒宽盾蚜蝇 *Phytomia zonata*

羽芒宽盾蚜蝇 *Phytomia zonata*

[目] 双翅目 Diptera

[科] 食蚜蝇科 Syrphidae

[形态特征] 雄性头顶黑色，具暗褐色至黑色短毛；额黑色，覆棕色粉被，前部毛黄色，后部毛黑色；中胸背板暗黑色，密被金黄色至棕黄色长毛；小盾片黑色，密被黑色短毛，后缘被金黄色或橘黄色长毛；腹部第1背板极短，亮黑色，两侧黄色；第2背板大部黄棕色，端部棕黑色；第3、4节背板黑色，各节近前缘具1对黄棕色较狭横斑；第5背板及尾器黑褐色；背板毛黄色至棕黄色；翅透明，基部暗棕色，中部具黑斑。雌性额中部具棕色毛。

[生活习性] 为传粉昆虫。

[保护等级] 无。

[分布情况] 在国内分布于湖北、河北、内蒙古、辽宁、吉林、黑龙江、江苏、浙江、福建、江西、山东、河南、湖南、广东、广西、海南、四川、云南、陕西、甘肃、台湾等。在后河保护区分布于窑湾岭等，所见频率较低。

东方粗股蚜蝇 *Syritta orientalis*

东方粗股蚜蝇 Syritta orientalis

[目] 双翅目 Diptera

[科] 食蚜蝇科 Syrphidae

[形态特征] 雄性头顶三角极狭长，亮黑色，前半部密被黄色微毛；触角橘黄色；芒黑褐色，基部黄色；中胸背板亮黑色，背板中部有白色短纵条；腹部黑色；第1背板两侧缘黄色；第2背板具宽黄横带；第3背板具与前节相同的黄带；第4背板亮紫黑色；后足腿节极粗大，亮黑色，有时末端棕色，腹面具锯齿；翅透明，翅痣棕黄色。雌性额黑色，额与颜密覆银白色粉被；腹部第2、3节背板各具1对黄斑。

[生活习性] 喜阳光；飞行能力强；取食花粉、花蜜。

[保护等级] 无。

[分布情况] 在国内分布于湖北、北京、上海、江苏、安徽、福建、湖南、广东、四川、贵州、新疆、台湾等。在后河保护区分布于独岭等，所见频率中等。

黄环粗股蚜蝇 *Syritta pipiens*

[目] 双翅目 Diptera

[科] 食蚜蝇科 Syrphidae

[形态特征] 雄性头顶毛淡色，前半部覆黄粉被，后半部黑色；额小，不突出，覆黄白粉被；触角橘黄色，有时黄褐色；芒黑色；中胸暗黑色；腹部暗黑色，具3对黄斑；后足腿节极粗大，腹面具2行微齿，端部腹面具齿；前、中足大部分黄红色，腿节上侧、胫节端部有时棕色或黑色；后足大部分黑色。翅透明。雌性头顶亮黑色；腹部斑较雄性小，色较淡。

[生活习性] 为传粉昆虫。

[保护等级] 无。

[分布情况] 在国内分布于湖北、北京、河北、山西、黑龙江、福建、湖南、四川、云南、甘肃、新疆等。在后河保护区分布于康家坪、易家湾等，所见频率中等。

黄环粗股蚜蝇 *Syritta pipiens*

大头金蝇 *Chrysomya megacephala*

大头金蝇 *Chrysomya megacephala*

[目] 双翅目 Diptera

[科] 丽蝇科 Calliphoridae

[形态特征] 体长10.0mm左右。复眼十分接近。触角橘黄色，芒毛黑色，长羽状毛达于末端。胸部呈金属绿色，有铜色反光与蓝色光泽；前盾片覆有薄而明显的灰白色粉被。翅透明，翅脉棕色。腹部绿蓝色，铜色光泽明显。

[生活习性] 成蝇粪食，常饱食粪便后栖息在附近植物上；极嗜甜性物质。

[保护等级] 无。

[分布情况] 在国内分布于湖北、黑龙江、吉林、辽宁、内蒙古、河北、北京、天津、山西、山东、河南、陕西、宁夏、甘肃、青海、安徽、江苏、上海、浙江、江西、湖南、四川、贵州、福建、台湾、广东、海南、广西、云南、西藏等。在后河保护区分布于栗子坪、林业队等，所见频率较高。

肉食麻蝇 Sarcophaga carnaria

肉食麻蝇 *Sarcophaga carnaria*

[目] 双翅目 Diptera

[科] 麻蝇科 Sarcophagidae

[形态特征] 雌性翅面无光泽，颜色较灰。雄性额和头顶灰褐色，胸部背面灰褐与黑褐色掺杂；腹部背面灰褐至深灰褐色，不同程度掺杂黑褐色；各腹节背中线两侧有黑斑。

[生活习性] 幼虫多以蚯蚓为食。成虫被腐烂的肉和粪便所吸引。

[保护等级] 无。

[分布情况] 在国内分布于湖北等。在后河保护区分布于南山等，所见频率中等。

斑纹蝇 *Graphomya maculata*

斑纹蝇 *Graphomya maculata*

[目] 双翅目 Diptera

[科] 蝇科 Muscidae

[形态特征] 雄雌虫的胸部具相同黑白图案。雌性的腹部黑白相间，雄性的腹部有橙色斑纹。

[生活习性] 成虫吸蜜；幼虫在泥泞的水池和潮湿的落叶层中取食。

[保护等级] 无。

[分布情况] 在国内分布于湖北等。在后河保护区分布于南山路口、蝴蝶谷、高岩河边等，所见频率较高。

豹大蚕蛾 *Loepa oberthuri*

[目] 鳞翅目 Lepidoptera

[科] 卷蛾科 Tortricidae

[形态特征] 翅长50.0~70.0mm，体长35.0~40.0mm。头污黄色；触角黄褐色，双栉形；颈板及前胸前缘灰褐色，间杂白色鳞毛。身体黄色，腹部两侧有黑斑；前翅前缘灰褐色，内线棕褐色呈齿形纹，但不与前缘相连接，外线棕黑色呈长齿形，自前缘中外部呈弧形斜向后缘中部，亚缘线黄褐色有蓝色光泽，成双行波浪形纹；顶角橙黄色，内侧有白色波形纹，白纹下方有半月形黑色横斑直达中脉，后缘前方有橙红色区1块，外缘浅粉色呈大波纹；中室端有橙黄色眼形斑，中间有弧形的并行黑、白线纹各1条；眼斑内上方镶有黑边，与前缘靠近。

[生活习性] 寄主为柑橘及其他芸香科植物、藤科植物、水曲柳。

[保护等级] 无。

[分布情况] 在国内分布于湖北、陕西、湖南、福建、江西、贵州、广东、海南、云南、四川等。在后河保护区分布于张家台、老屋场、易家湾等，所见频率较高。

豹大蚕蛾 *Loepa oberthuri*

豹裳卷蛾 Cerace xanthocosma

豹裳卷蛾 Cerace xanthocosma

[目] 鳞翅目 Lepidoptera

[科] 卷蛾科 Tortricidae

[形态特征] 雄蛾翅展33.0~40.0mm，雌蛾翅展48.0~59.0mm。头部白色；触角节间毛丛黑色。胸部黑紫色，有白斑；翅基片上有一斜白斑；后胸两侧各有一撮黄灰色长毛丛。前翅紫黑色，充满许多白色斑点和短条纹；在中间有1条锈红褐色斑由基部通向外缘，在近外缘处扩大呈三角形橘黄色区。后翅广，半卵圆形，橘黄色。

[生活习性] 寄主植物为槭、槠、灰木、山茶、犬樟等。

[保护等级] 无。

[分布情况] 在国内分布于华东、华中、西南。在后河保护区分布于百溪河等，所见频率低。

漪刺蛾 *Iraga rugosa*

漪刺蛾 *Iraga rugosa*

[目] 鳞翅目 Lepidoptera

[科] 刺蛾科 Limacodidae

[形态特征] 翅展30.0mm左右。身体和前翅暗紫褐色，身体背中央红黄色似成一带。前翅具皱纹，有红褐色斑点。后翅灰黑色。

[生活习性] 植食性昆虫。

[保护等级] 无。

[分布情况] 在国内分布于湖北、浙江、江西、福建、广东、海南、湖南、四川、贵州、云南、陕西、甘肃、台湾、河南等。在后河保护区分布于杨家河等，所见频率较低。

光眉刺蛾 Narosa fulgens

光眉刺蛾 Narosa fulgens

[目] 鳞翅目 Lepidoptera

[科] 刺蛾科 Limacodidae

[形态特征] 前翅长9.0mm左右。体浅黄白色，掺有红褐色。前翅黄褐色，具不规则白色纹路，端线可见1列小黑点。后翅浅黄色，端线暗褐色，隐约可见。

[生活习性] 幼虫取食叶片。

[保护等级] 无。

[分布情况] 在国内分布于湖北、北京、浙江、安徽、福建、江西、山东、河南、湖南、广西、海南、四川、云南、甘肃、台湾等。在后河保护区分布于老屋场等，所见频率低。

梨娜刺蛾 *Narosoideus flavidorsalis*

[目] 鳞翅目 Lepidoptera

[科] 刺蛾科 Limacodidae

[形态特征] 翅展30.0~36.0mm。全体褐黄色；触角双栉形分枝到末端；前翅外线以内的前半部褐色较浓，后半部黄色较明显，外缘较明亮，外线清晰暗褐色，无银色端线。雌虫触角丝状，雄虫触角羽毛状。胸部背面有黄褐色鳞毛。前翅黄褐色至暗褐色，外缘为深褐色宽带。前缘有近似三角形的褐斑。后翅褐色至棕褐色。缘毛黄褐色。

[生活习性] 成虫具趋光性。幼虫取食苹果、梨、柿、枣、板栗、樱花、白桦、核桃、刺槐等。

[保护等级] 无。

[分布情况] 在国内分布于湖北、北京、吉林、黑龙江、浙江、福建、江西、山东、河南、湖南、广东、广西、四川、贵州、云南、陕西、河北、山西、江苏、台湾等。在后河保护区分布于老屋场等，所见频率较低。

梨娜刺蛾 *Narosoideus flavidorsalis*

丽绿刺蛾 *Parasa lepida*

丽绿刺蛾 *Parasa lepida*

[目] 鳞翅目 Lepidoptera

[科] 刺蛾科 Limacodidae

[形态特征] 体长16.0mm左右，翅展33.0mm左右。头和胸背绿色，中央有1条褐色纵纹向后延伸至腹背；腹部黄褐色。前翅绿色，基斑紫褐色，尖刀形，从中室向上约伸占前缘的1/4，外缘带宽，从前缘向后渐宽，灰红褐色，其内缘弧形外曲。后翅内半部黄色稍带褐色，外半部褐色渐浓。

[生活习性] 寄主植物包括枫香、香樟、木荷、油桐、悬铃木、乌桕、油茶、红叶李、桂花、杧果、茶树和桐花树等。

[保护等级] 无。

[分布情况] 在国内分布于湖北、河北、江苏、浙江、江西、湖南、福建、广东、广西、四川、贵州、云南、西藏、陕西、甘肃等。在后河保护区分布于老屋场等，所见频率较低。

桑褐刺蛾 Setora postornata

桑褐刺蛾 *Setora postornata*

[目] 鳞翅目 Lepidoptera

[科] 刺蛾科 Limacodidae

[形态特征] 翅展31.0～39.0mm。全体较灰褐色。前翅两线内侧衬影状带，外线较垂直，外衬铜斑不清晰，仅在臀角呈梯形；翅尖到外线的前缘无灰斑。

[生活习性] 成虫在白天静伏于树冠或杂草丛中。

[保护等级] 无。

[分布情况] 在国内分布于湖北、北京、江苏、浙江、福建、江西、山东、河南、湖南、广东、广西、海南、四川、云南、陕西、甘肃、台湾等。在后河保护区分布于老屋场等，所见频率较低。

闪银纹刺蛾 *Miresa fulgida*

闪银纹刺蛾 *Miresa fulgida*

[目] 鳞翅目 Lepidoptera

[科] 刺蛾科 Limacodidae

[形态特征] 翅展25.0~34.0mm。体黄色，背中央掺有赭褐色。前翅暗红褐色，后缘内半部赭黄褐色，有三角形银斑。后翅浅黄色。

[生活习性] 植食性昆虫。

[保护等级] 无。

[分布情况] 在国内分布于湖北、云南、福建、台湾、广东等。在后河保护区分布于杨家河等，所见频率低。

艳双点螟 *Orybina regalis*

[目] 鳞翅目 Lepidoptera

[科] 螟蛾科 Pyralidae

[形态特征] 翅展24.0～27.0mm。前翅朱红色，中室外有1个镶有黑边的金黄色椭圆形斑纹，斑点外缘有锯齿，斑点下侧至后缘有1条红线。后翅淡朱红色，外横线黑色不明显。

[生活习性] 植食性昆虫。

[保护等级] 无。

[分布情况] 在国内分布于湖北、陕西、江苏等。在后河保护区分布于杨家河等，所见频率中等。

艳双点螟 *Orybina regalis*

白带网丛螟 *Teliphasa albifusa*

白带网丛螟 *Teliphasa albifusa*

[目] 鳞翅目 Lepidoptera

[科] 螟蛾科 Pyralidae

[形态特征] 翅展34.0~38.0mm。头部黄色至土黄色；触角黄褐色或者黑褐色，向端部颜色逐渐减淡。胸部及翅基片淡黄色，或者黄色，掺杂棕黄色鳞片，或者土黄色，掺杂黑色及淡黄色鳞片。前翅基部淡黄色，或者黄色，掺杂黑色鳞片，或者黄褐色；中部白色，散布淡黄色或者黄色鳞片；端部灰褐色，散布淡黄色鳞片，或者黄褐色，散布黄色鳞片，或者黑褐色，散布棕黄色鳞片。后翅端部淡褐色至灰褐色，向后缘颜色逐渐减淡，其余部分白色，中室基斑浅灰褐色。

[生活习性] 普遍分布于低、中海拔山区。

[保护等级] 无。

[分布情况] 在国内分布于湖北、台湾等。在后河保护区分布于张家台等，所见频率中等。

黄纹银草螟 *Pseudargyria interruptella*

黄纹银草螟 *Pseudargyria interruptella*

[目] 鳞翅目 Lepidoptera

[科] 草螟科 Crambidae

[形态特征] 翅展 16.0～19.0mm。额圆、白色。胸部背面灰白色，两侧有黄褐色纵条纹；腹部背面灰白色。前翅白色，中室内及中室下各有1条褐色斑纹，外横线从前缘 3/4 处向外倾斜；前翅腹面暗褐色，顶角及外缘白色。后翅白色；后翅腹面白色，基部淡褐色。

[生活习性] 具有趋光性。

[保护等级] 无。

[分布情况] 在国内分布于湖北、北京、台湾、陕西、安徽、浙江、福建、广东、四川、云南等。在后河保护区分布于张家台等，所见频率较低。

白蜡绢须野螟 *Palpita nigropunctalis*

白蜡绢须野螟 *Palpita nigropunctalis*

[目] 鳞翅目 Lepidoptera

[科] 草螟科 Crambidae

[形态特征] 翅展28.0~36.0mm。体白色。头顶黄褐色。翅白色,半透明,有光泽。前翅紧靠翅前缘棕黄色带内侧有3个小黑点;中室下角有1个黑点和1个不甚清楚的黑环状斑。后翅中室端有黑色斜斑纹;中室下方有1黑点。前、后翅亚外缘线暗褐色,与翅外缘平行;各脉端有黑点;缘毛白色。

[生活习性] 幼虫以女贞属植物的花、果实和叶子为食。

[保护等级] 无。

[分布情况] 在国内分布于湖北、甘肃、河北、辽宁、吉林、黑龙江、浙江、河南、四川、贵州、云南、陕西等。在后河保护区分布于林业队、老屋场等,所见频率中等。

橙黑纹野螟 *Tyspanodes striata*

[目] 鳞翅目 Lepidoptera

[科] 草螟科 Crambidae

[形态特征] 翅展26.0~31.0mm。头部淡黄色，头顶杏黄色；触角细长暗灰色至银灰色，有闪光。胸部领片及翅基片橙黄色，胸部腹面乳白色。腹部背面基部橙黄色，端部各节略灰黑色，末节灰白色。前翅深橙黄色，基部有1个黑点，中室有2个黑点，各翅脉间有黑色纵条纹，沿翅后缘的1条中断分为2条。后翅橙黄色，色泽比前翅浅。

[生活习性] 植食性昆虫。

[保护等级] 无。

[分布情况] 在国内分布于湖北、山东、陕西、甘肃、江苏、浙江、江西、福建、台湾、广东、四川、云南等。在后河保护区分布于张家台、易家湾等，所见频率较低。

橙黑纹野螟 *Tyspanodes striata*

大黄缀叶野螟 Botyodes principalis

大黄缀叶野螟 *Botyodes principalis*

[目] 鳞翅目 Lepidoptera

[科] 草螟科 Crambidae

[形态特征] 翅展 42.0~45.0mm。前翅硫黄色；中室内有 1 个黑色小点，中室外端有新月形斑纹；前翅外缘有铁锈色斑纹，内横线与外横线由不甚明显的褐色点构成。后翅硫黄色；中室有一新月形斑，外横线暗灰黑色排列成锯齿形；后翅顶角有一个铁锈色斑纹。

[生活习性] 植食性昆虫。

[保护等级] 无。

[分布情况] 在国内分布于湖北、陕西、安徽、浙江、江西、福建、台湾、广东、四川、云南等。在后河保护区分布于界头等，所见频率中等。

豆荚野螟 *Maruca vitrata*

豆荚野螟 *Maruca vitrata*

[目] 鳞翅目 Lepidoptera

[科] 草螟科 Crambidae

[形态特征] 翅展23.0~28.5mm。额棕褐色，两侧、正中和前缘各有一白条纹。胸部背面棕褐色，腹面白色。前翅棕褐色或黑褐色，沿前缘棕黄色，前翅中央有2个白色透明斑。后翅白色，半透明，内有暗棕色波状纹。

[生活习性] 成虫趋光性较弱，昼伏夜出，飞行能力较差。幼虫啃食豆荚。

[保护等级] 无。

[分布情况] 在国内分布于湖北、甘肃、河北、北京、天津、山西、内蒙古、江苏、浙江、福建、山东、河南、湖南、广东、广西、海南、四川、贵州、云南、陕西、台湾等。在后河保护区分布于老屋场等，所见频率中等。

芬氏羚野螟 Pseudebulea fentoni

芬氏羚野螟 Pseudebulea fentoni

[目] 鳞翅目 Lepidoptera

[科] 草螟科 Crambidae

[形态特征] 翅展23.0～29.0mm。前翅浅黄色，翅基部至后中线之间大部分褐色；前中线浅黄色，出自前缘1/5处，达后缘1/4处；中室半透明，中室圆斑和中室端脉斑褐色；亚外缘带黑褐色，前缘处有黄色斑点，前、后缘处略宽，中部稍狭窄；各脉端有褐色斑点。后翅浅黄色；中室端脉斑褐色；顶角处有褐色斑块；各脉端有褐色斑点。

[生活习性] 主要分布于海拔1000m以上山区。

[保护等级] 无。

[分布情况] 在国内分布于湖北、湖南、福建、四川等。在后河保护区分布于百溪河等，所见频率较低。

桃蛀螟 Conogethes punctiferalis

[目] 鳞翅目 Lepidoptera

[科] 草螟科 Crambidae

[形态特征] 翅展20.0～29.0mm。翅黄色；胸腹部背面具黑斑；腹末2节无斑，有时黑斑减少。前、后翅均具众多黑斑。

[生活习性] 幼虫蛀食桃、苹果、板栗、棉、枸杞、向日葵、马尾松、蓖麻等多种植物的小枝及玉米等的茎、穗，也会蛀食苹果等果实。成虫具趋光性。

[保护等级] 无。

[分布情况] 在国内分布于湖北、北京、陕西、甘肃、辽宁、天津、河北、山西、河南、山东、江苏、安徽、浙江、江西、福建、台湾、湖南、广东、广西、四川、云南、贵州、西藏等。在后河保护区分布于水滩头等，所见频率较低。

桃蛀螟 *Conogethes punctiferalis*

稻纵卷叶螟 Cnaphalocrocis medinalis

稻纵卷叶螟 Cnaphalocrocis medinalis

[目] 鳞翅目 Lepidoptera

[科] 草螟科 Crambidae

[形态特征] 翅展18.0~20.0mm。翅黄色。头部及肩片暗褐色。腹部白色有褐色环纹。前翅前缘及外缘有较宽的暗褐色带，内横线褐色弯曲，外横线伸直倾斜，中室有1条暗色纹。后翅有2条褐色横线，中室有1个暗斑纹，外缘有暗灰色带。

[生活习性] 为害水稻的主要迁飞性害虫之一，其幼虫主要将水稻叶片纵向包裹并在其中刮食，导致水稻叶片出现白斑。

[保护等级] 无。

[分布情况] 在国内，北起黑龙江、内蒙古，南至台湾、海南都有分布。在后河保护区分布于张家台、易家湾、老屋场等，所见频率较高。

台湾卷叶野螟 Syllepte taiwanalis

台湾卷叶野螟 Syllepte taiwanalis

[目] 鳞翅目 Lepidoptera

[科] 草螟科 Crambidae

[形态特征] 翅展32.0～40.0mm。额黄褐色；触角褐色或黄褐色。胸部和腹部背面褐色，腹面白色或黄白色，各节后缘白色。前、后翅均黄白色；前翅前缘及外缘褐色；后翅中室端斑褐色，新月形。

[生活习性] 寄主植物为构树。

[保护等级] 无。

[分布情况] 在国内分布于湖北、浙江、安徽、福建、江西、河南、湖南、广东、广西、海南、重庆、四川、贵州、云南、西藏、甘肃、台湾。在后河保护区分布于张家台等，所见频率较低。

中国枯叶尺蛾 *Gandaritis sinicaria*

中国枯叶尺蛾 Gandaritis sinicaria

[目] 鳞翅目 Lepidoptera

[科] 尺蛾科 Geometridae

[形态特征] 雄性前翅长30.0～35.0mm，雌性前翅长33.0～35.0mm。额、头顶和胸腹部背面黄色。前翅枯黄色；亚基线、内线和中线波状，内线和中线间黄色，有枯黄色和灰褐色晕影；中线外侧有2条细纹，中点黑色短条状，有一黄色大斑，略带橘黄色。后翅基半部白色，端半部黄色。前翅反面灰黄色，中点同正面中带")"形，外带和亚缘带纯齿形；内线、外线和翅端部各有一个褐斑。后翅反面灰白色至灰黄色。

[生活习性] 生活在低、中海拔山区；夜晚具趋光性。

[保护等级] 无。

[分布情况] 在国内分布于湖北、陕西、甘肃、安徽、浙江、湖南、江西、福建、广西、四川、云南等。在后河保护区分布于水滩头、百溪河、杨家河、老屋场等，所见频率较高。

琉璃尺蛾 *Krananda lucidaria*

[目] 鳞翅目 Lepidoptera

[科] 尺蛾科 Geometridae

[形态特征] 翅展45.0mm左右。停栖时前后翅呈一平面，两前翅垂直于体躯，两后翅内缘与腹部贴齐，而前后翅之间开口明显，约40°。触角丝状；头部与体褐色带橘色调。前翅前缘近顶角1/5段明显外弯，顶角稍钝；外缘近顶角1/3段稍内凹，2/3段稍外弯；内缘中段明显内凹；翅身基侧至中段淡褐色；前中线淡褐色，折曲，而基侧与外侧皆框黑色斑纹；中段至后中段间无鳞片而有透窗感，中段近内缘1/3段具有黑色斑晕。后翅外缘近顶角1/5段向外明显突出，整体色调略同于前翅者，无明显暗色斑。

[生活习性] 幼虫取食树叶。

[保护等级] 无。

[分布情况] 在国内分布于湖北、湖南、四川等。在后河保护区分布于老屋场等，所见频率较低。

琉璃尺蛾 *Krananda lucidaria*

中国虎尺蛾 *Xanthabraxas hemionata*

中国虎尺蛾 Xanthabraxas hemionata

[目] 鳞翅目 Lepidoptera

[科] 尺蛾科 Geometridae

[形态特征] 前翅长26.0～30.0mm。触角线状。翅黄色，有深褐色斑纹。前翅基部有2个大斑；内、外线带状，向内相对弯曲；中室端点大、椭圆形；在翅基部、前缘附近及中点周围布满褐色碎纹；外线外侧在翅脉上排列成放射状褐色条纹，其间有零星小褐点；缘毛深褐色、黄色相间。后翅斑纹与前翅相同，但无内线。

[生活习性] 成虫具有趋光性。

[保护等级] 无。

[分布情况] 在国内分布于湖北、安徽等。在后河保护区分布于水滩头、野猫岔等，所见频率较低。

白珠鲁尺蛾 *Amblychia angeronaria*

白珠鲁尺蛾 *Amblychia angeronaria*

[目] 鳞翅目 Lepidoptera

[科] 尺蛾科 Geometridae

[形态特征] 体长30.0mm左右，翅展71.0mm左右。体枯黄色；雄触角双栉形，雌触角丝状；前翅端鹰嘴形，后翅外缘波浪形，中部突出；前中线大波曲状，向外弯，肾纹暗褐色，圆形中线暗褐带晕；后中线黑色暗带晕，其上有数个沿线排列的半日形银白斑，中段斑块最大，后翅宽大，端室斑呈小黑点斑；后中线纯齿状、暗褐色。

[生活习性] 幼虫以樟科植物为食。

[保护等级] 无。

[分布情况] 在国内分布于湖北、云南、四川、广东等。在后河保护区分布于百溪河等，所见频率较低。

彩青尺蛾 *Eucyclodes gavissima*

彩青尺蛾 *Eucyclodes gavissima*

[目] 鳞翅目 Lepidoptera

[科] 尺蛾科 Geometridae

[形态特征] 雄虫触角双栉形；雌虫触角线形。头顶绿色和白色掺杂。胸部背面绿色和白色掺杂。翅蓝绿色，斑纹为白色或红褐色。前翅内线、中点、外线、亚缘线均为白色；内线波状，其内侧翅基部有白斑；中点细长条形；外线锯齿形，上端前缘处有1个大褐斑，斑内灰白色。后翅基部有浅红褐色斑。翅反面白色，前翅前缘处略显翅正面褐斑；后翅前缘近顶角处有1褐斑。

[生活习性] 寄主植物为野牡丹科谷木属。

[保护等级] 无。

[分布情况] 在国内分布于湖北、海南、西藏等。在后河保护区分布于杨家河、老屋场等，所见频率较低。

褐缺口尺蛾 *Fascellina chromataria*

[目] 鳞翅目 Lepidoptera

[科] 尺蛾科 Geometridae

[形态特征] 雄性前翅长17.0～19.0mm，雌性前翅长19.0mm左右。触角线形，雄性具短纤毛。体和翅紫褐至黑褐色，雌较雄色深。前翅顶角凸出，外缘直，臀角下垂，后缘端部凹。后翅顶角凹，外缘浅弧形。翅面散布黑褐色碎纹，后翅较前翅明显；前翅前缘中部和近顶角处有灰白色小斑；中室端有1个黄斑，雌性黄斑较弱；内线和外线波状。

[生活习性] 幼虫以乌药、肉桂、润楠和八角属植物为食。

[保护等级] 无。

[分布情况] 在国内分布于湖北、浙江、广东、湖南、江苏、台湾、广西、海南等。在后河保护区分布于老屋场、茅坪等，所见频率中等。

褐缺口尺蛾 *Fascellina chromataria*

黄基粉尺蛾 Pingasa ruginaria

黄基粉尺蛾 *Pingasa ruginaria*

[目] 鳞翅目 Lepidoptera

[科] 尺蛾科 Geometridae

[形态特征] 前翅长18.0~20.0mm。雄虫触角短双栉形。头顶黄白色至灰色。胸部背面前端土灰色，其余部分及腹部背面黄白色；后足胫节膨大有毛束。前翅前缘多土灰色，内线波状，深褐色；中点灰褐色；细长外线黑褐色；粗壮，波状。后翅翅背面在翅中下部外缘为灰白色，在中点的位置上为灰褐色鳞片，上有白色长毛覆盖。前后翅腹面基部均黄色，前翅中点黑褐色，端带宽阔黑褐色。

[生活习性] 可在漆、肉桂及梧桐科等植物上找到幼虫。

[保护等级] 无。

[分布情况] 在国内分布于湖北、台湾、海南、广西、云南等。在后河保护区分布于水滩头等，所见频率较低。

洁尺蛾 *Tyloptera bella*

洁尺蛾 *Tyloptera bella*

[目] 鳞翅目 Lepidoptera

[科] 尺蛾科 Geometridae

[形态特征] 雄性前翅长14.0～17.0mm，雌性前翅长17.0～19.0mm。额上半部及头顶褐色，额下半部白色。胸腹部灰白色。前翅白色；前翅前缘有1列黄褐至褐色斑，其中中斑宽大；下缘邻近黑色圆形中点，其外侧可见模糊灰黄色影带；亚缘线白色深波状，其内侧为1列深灰褐色斑；亚缘线外侧至外缘为1条褐带，带橄榄绿色，中部色稍浅但通常连续；缘线深灰褐色，不连续。后翅白色，具灰褐色亚基线、中线和外线；中线由外侧绕过圆形黑色中点。

[生活习性] 幼虫取食树叶。

[保护等级] 无。

[分布情况] 在国内分布于湖北、黑龙江、吉林、辽宁、陕西、甘肃、浙江、湖南、福建、江西、台湾、广西、四川、云南等。在后河保护区分布于水滩头等，所见频率较低。

木橑尺蛾 *Biston panterinaria*

木橑尺蛾 *Biston panterinaria*

[目] 鳞翅目 Lepidoptera

[科] 尺蛾科 Geometridae

[形态特征] 前翅长28.0~35.0mm。雄性触角锯齿状，具纤毛簇；雌触角线状。额、头顶、胸背黄色至黄白色，腹背灰白色。翅底白色，上有灰色和橙色斑点，在前翅和后翅的外线上各有1串橙色和深褐色圆斑。翅反面与正面相同。

[生活习性] 幼虫为害多种林木、果树、大田作物、药材等，对木橑和核桃为害十分严重。

[保护等级] 无。

[分布情况] 在国内分布于湖北、陕西、台湾、四川、河南、河北、山西、山东、内蒙古等。在后河保护区分布于老屋场、茅坪、林业队、易家湾等，所见频率中等。

青辐射尺蛾 *Iotaphora admirabilis*

[目] 鳞翅目 Lepidoptera

[科] 尺蛾科 Geometridae

[形态特征] 雄虫触角双栉形，雌虫短锯齿形。头顶浅绿色，胸、腹部背面黄色和绿色掺杂，各腹节后缘白色。翅面淡绿色，具黄色和白色斑纹。前翅前缘绿白色，基部有1个黑点，黑点至内线黄色，内线弧形，内黄外白；中点黑色，月牙形；外线内白外黄，形成2个小齿；外线外侧排列辐射状点纹；后翅外线色同前翅，前后翅缘线黑色，缘毛白色。翅反面粉白色，中点清楚，其他斑纹隐见。

[生活习性] 寄主为杨柳科杨属、胡桃科胡桃、桦木科桦木属、榛木科榛属等植物。

[保护等级] 无。

[分布情况] 在国内分布于湖北、黑龙江、吉林、辽宁、北京、山西、河南、陕西、甘肃、浙江、江西、湖南、福建、广西、四川、云南等。在后河保护区分布于老屋场等，所见频率中等。

青辐射尺蛾 *Iotaphora admirabilis*

双云尺蛾 Biston comitata

双云尺蛾 Biston comitata

[目] 鳞翅目 Lepidoptera

[科] 尺蛾科 Geometridae

[形态特征] 体长25.0mm左右，翅展64.0mm左右。体白色，布满灰黄色散条纹，前后翅的内外二线粗而黑色，展开列成2条弧形，外线外侧灰黄色较浓。雄蛾触角双栉形。

[生活习性] 寄主植物为蒙古栎、杨、樱桃、李。

[保护等级] 无。

[分布情况] 在国内分布于湖北、云南、福建、黑龙江、辽宁、吉林等。在后河保护区分布于易家湾等，所见频率低。

雪尾尺蛾 *Ourapteryx nivea*

雪尾尺蛾 *Ourapteryx nivea*

[目] 鳞翅目 Lepidoptera

[科] 尺蛾科 Geometridae

[形态特征] 前翅长25.0～37.0mm；头颜面橙褐色；翅白色；后翅外缘近中部突出成尾状，内侧具2个斑点，大斑橙红色具黑圈，小斑黑色。

[生活习性] 幼虫以山毛榉科、榆科、豆科、忍冬科等多种植物的树叶为食。

[保护等级] 无。

[分布情况] 在国内分布于湖北、贵州、湖南、浙江、陕西、甘肃等。在后河保护区分布于林业队、老屋场、张家台、百溪河、易家湾等，所见频率较高。

玉臂黑尺蛾 Xandrames dholaria

玉臂黑尺蛾 Xandrames dholaria

[目] 鳞翅目 Lepidoptera

[科] 尺蛾科 Geometridae

[形态特征] 前翅长35.0～41.0mm，宽41.0～45.0mm。前翅基半部灰白或灰黄色，散布黑色碎纹；前缘中部内侧有2条黑色斜纹；后缘内1/3处有1小黑斑，外1/3处有1对黑色弯纹；翅中部之外为1个宽大斜行白斑，散布灰色碎纹；前翅下端灰纹较多；白斑下端伸达外缘下半段，内缘微波曲，外上方为1条黑色斜线，其外侧至顶角黑褐色。后翅黑褐色，隐见黑色锯齿状外线；顶角附近白色。翅反面黑褐色，前翅大白斑和后翅顶角附近白斑清晰。雄蛾触角羽状，棕色。

[生活习性] 幼虫取食树叶。

[保护等级] 无。

[分布情况] 在国内分布于湖北、云南、四川、陕西、台湾等。在后河保护区分布于顶坪、老屋场等，所见频率较低。

大斑豹纹尺蛾 *Epobeidia tigrata*

[目] 鳞翅目 Lepidoptera

[科] 尺蛾科 Geometridae

[形态特征] 体中小型，体长20.0mm左右。前翅近前缘及翅端黄色，但密布黑色斑点；近后缘为白色，有较大的斑点；停栖时翅背四周为黄色，内部为白色。

[生活习性] 幼虫寄主植物为樱花、山樱花。

[保护等级] 无。

[分布情况] 在国内分布于湖北、辽宁、陕西、甘肃、浙江、江西、江苏、湖南、福建、台湾、广东、海南、广西、四川、重庆等。在后河保护区分布于百溪河、老屋场等，所见频率中等。

大斑豹纹尺蛾 *Epobeidia tigrata*

灰绿片尺蛾 *Fascellina plagiata*

灰绿片尺蛾 *Fascellina plagiata*

[目] 鳞翅目 Lepidoptera

[科] 尺蛾科 Geometridae

[形态特征] 体长12.0mm左右，翅展35.0mm左右。前翅前缘浅灰褐色，下方有1条不完整的褐线；内线在中室内和其下方各有1个小黑点，小黑点下至后缘有1段深灰褐色线；端部有1个深褐色大斑，后缘在近端部凹入。后翅有1条绿色斜行狭带。

[生活习性] 幼虫取食树叶。

[保护等级] 无。

[分布情况] 在国内分布于湖北、云南、贵州、湖南、浙江等。在后河保护区分布于百溪河等，所见频率较低。

短铃钩蛾 Macrocilix mysticata

短铃钩蛾 Macrocilix mysticata

[目] 鳞翅目 Lepidoptera

[科] 钩蛾科 Drepanidae

[形态特征] 翅展29.0～35.0mm。身体白色，腹部背面黄褐色。翅白色绢状，中部有黄褐色两端粗大的哑铃状横带，横带中间有银白色条纹。前翅中室有"工"字形银色纹，横带外缘有暗褐色列斑。后翅后角色较深。

[生活习性] 幼虫以树叶为食。成熟的幼虫吐丝并使叶子弯曲，形成一个紧凑的椭圆形白色茧，并在其中化蛹。

[保护等级] 无。

[分布情况] 在国内分布于湖北、四川、台湾、江西、广西、广东、云南、福建、浙江等。在后河保护区分布于易家湾等，所见频率较高。

栎距钩蛾 Agnidra scabiosa

栎距钩蛾 Agnidra scabiosa

[目] 鳞翅目 Lepidoptera

[科] 钩蛾科 Drepanidae

[形态特征] 翅长15.0～18.0mm，体长10.0～13.0mm。头棕赭色。触角茶褐色；雄性双栉形，端部为鞭状；雌性丝形。身体背面茶褐色，腹面黄褐色。前翅灰褐色，在中线附近约有8个灰色椭圆点。后翅内线、中线、外线均褐色，中室部位有较前翅小的灰白色散斑。前后翅反面黄色，有金属色光泽。

[生活习性] 寄主植物为青冈树、大齿蒙栎、日本栎、栗。成虫喜傍晚至子夜前活动。

[保护等级] 无。

[分布情况] 在国内分布于湖北、台湾、浙江、福建、江苏、湖南、陕西、江西、四川、广西、黑龙江、辽宁、吉林等。在后河保护区分布于界头等，所见频率中等。

三线钩蛾 *Pseudalbara parvula*

[目] 鳞翅目 Lepidoptera

[科] 钩蛾科 Drepanidae

[形态特征] 翅长10.0~14.0mm，体长6.0~8.0mm。头紫褐色。触角黄褐色；雄单栉状；雌丝状。身体较细，背面灰褐色，腹面淡褐色。前翅灰紫褐色，有3条深褐色斜纹；中室端有2个灰白色小点；顶角尖，向外突出，端部有一灰白色眼状斑。

[生活习性] 成虫白天不活动，常隐于寄主叶背，双翅平铺静止在叶片上。成虫趋光性不强，傍晚至子夜前活动较强。寄主植物为核桃、栎树、化香树。

[保护等级] 无。

[分布情况] 在国内分布于湖北、北京、河北、四川、湖南、福建、广西、陕西、江西、浙江、黑龙江。在后河保护区分布于百溪河等，所见频率较低。

三线钩蛾 *Pseudalbara parvula*

洋麻圆钩蛾 *Cyclidia substigmaria*

洋麻圆钩蛾 *Cyclidia substigmaria*

[目] 鳞翅目 Lepidoptera

[科] 钩蛾科 Drepanidae

[形态特征] 体长20.0~25.0mm，翅长35.0~40.0mm。头部黑色；胸部灰白色；腹部白色微褐，各节间略浅；翅白色，有浅灰褐色斑纹。前翅顶角到后缘中部成一斜线；斜线外侧色浅，内侧色深，斜线外侧有时有两层波浪纹，在顶角内侧与前缘处有深色三角斑，斑内有白色斑；中室处有灰白色肾形斑一个，后翅中室端有黑褐色圆斑。

[生活习性] 寄主植物为洋麻。

[保护等级] 无。

[分布情况] 在国内分布于分布湖北、云南、海南、安徽、四川、台湾等。在后河保护区分布于羊子溪等，所见频率较低。

大燕蛾 *Lyssa zampa*

大燕蛾 *Lyssa zampa*

[目] 鳞翅目 Lepidoptera

[科] 燕蛾科 Uraniidae

[形态特征] 前翅长56.0～61.0mm，体长37.0～42.0mm。头灰褐色；触角淡赭褐色，丝状。体灰褐色，胸部背面密被灰褐色长毛。前后翅略带丝绸缎性光泽，中部粉白色纵带自前缘直达后翅臀部。前翅赭褐色，前缘有黑白相间的节形纹明显。后翅赭褐色较前翅浅，臀角内上方有赭棕色波浪形散状纹，外缘有2条齿状尾带。

[生活习性] 寄主植物为榕树。幼虫取食大戟科黄桐属植物。

[保护等级] 无。

[分布情况] 在国内分布于湖北、广东、广西、海南、福建、湖南、云南、贵州、重庆、江西等。在后河保护区分布于庙岭、张家台等，所见频率较低。

浅翅凤蛾 *Epicopeia hainesi*

浅翅凤蛾 *Epicopeia hainesi*

[目] 鳞翅目 Lepidoptera

[科] 凤蛾科 Epicopeiidae

[形态特征] 翅长28.0～30.0mm，体长30.0mm左右。头部红色，触角灰褐色；身体烟黑色。前翅翅膜呈灰褐色，翅脉明显可见烟赭色。后翅基部至外缘内侧色较浅，翅脉黄褐色。尾带内侧沿外缘有4个红点，排列在1条水平线上。腹部背面烟黑。

[生活习性] 在傍晚时开始活动，经常聚集于灯光附近。吸食各种花朵的花蜜。以有毒的管花马兜铃为寄主。

[保护等级] 无。

[分布情况] 在国内分布于湖北、江西、浙江、四川、福建、广西、台湾等。在后河保护区分布于百溪河、宝塔坡等，所见频率较低。

大斑尖枯叶蛾 *Metanastria hyrtaca*

[目] 鳞翅目 Lepidoptera

[科] 枯叶蛾科 Lasiocampidae

[形态特征] 雄蛾体长20.0～23.0mm，雌蛾体长30.0～38.0mm；雄蛾翅展44.0～48.0mm，雌蛾翅展65.0～84.0mm。雄蛾翅焦褐色；前翅外缘弧形弓出，前翅中间呈2条深褐色中带，两带间有黑色大斑；中室端小白点短，半月形到圆形；大斑两侧镶以铅灰色线纹；后翅污褐色。雌蛾翅褐色，前翅前角较尖，全翅呈4条浅褐色横线，外侧第2横线自中部开始向内弯曲，其他3条线较直；后翅中间呈淡色斜带，缘毛灰褐色。

[生活习性] 幼虫群集性很强，取食和爬行均集体行动，平时往往群集在一个叶柄或枝条上，围成一圈，遇上雷阵雨则爬向树根附近。寄主植物为石梓、油茶、橄榄。

[保护等级] 无。

[分布情况] 在国内分布于湖北、福建、江西、湖南、广东、广西、四川、云南、甘肃、台湾等。在后河保护区分布于杨家河等，所见频率较低。

大斑尖枯叶蛾 *Metanastria hyrtaca*

栎黄枯叶蛾 Trabala vishnou

栎黄枯叶蛾 *Trabala vishnou*

[目] 鳞翅目 Lepidoptera

[科] 枯叶蛾科 Lasiocampidae

[形态特征] 雄蛾体长22.0～27.0mm，雌蛾体长25.0～38.0mm；雄蛾翅展54.0～62.0mm，雌蛾翅展70.0～95.0mm。雄蛾头部绿色，触角长双栉齿状；胸部背面绿色，略带黄白色；翅绿色，外缘线与缘毛黄白色，缘毛端略带褐色；前翅内、外横线均为深绿色，其内侧各嵌有白色条纹；中室有1个黑褐色小点；亚外缘线呈黑褐色波状纹。雌蛾头部黄褐色，触角短双栉齿状；胸部背面黄色；翅黄绿色微带褐色，外缘线黄色、波状，缘毛黑褐色；前翅内横线黑褐色，外横线绿色、波状；内、外横线之间为鲜黄色；中室处有1个近三角形的黑褐色小斑；亚外缘线处有1条由8～9个黑褐色斑组成的断续的波状横纹；后翅后缘基部灰黄色，内横线与外横线均为黑褐色，波状。

[生活习性] 幼虫取食蒙古栎等栎类、海棠、核桃、榛、柳、沙棘、月季、铁杉等。成虫具趋光性。

[保护等级] 无。

[分布情况] 在国内分布于湖北、陕西、甘肃、安徽、江苏、浙江、江西、湖南、四川、贵州、云南、西藏、福建、广西等。在后河保护区分布于水滩头等，所见频率较低。

橘褐枯叶蛾 *Gastropacha pardale*

橘褐枯叶蛾 *Gastropacha pardale*

[目] 鳞翅目 Lepidoptera

[科] 枯叶蛾科 Lasiocampidae

[形态特征] 雄蛾翅展40.0～51.0mm，雌蛾翅展64.0～73.0mm。触角黄褐色或灰褐色。翅淡赤褐色，略带红色。前翅不规则散布黑色小点，翅脉黄褐色较明显；前缘2/5处呈弧形弯曲；外缘较长，略呈弧形；后缘较短，中室端黑点明显；顶角区呈2枚模糊的大黑点。后翅较狭长，后缘区淡黄褐色，肩角突出，前半部由4枚花瓣形组成一圆斑。雄蛾淡黄褐色，前两瓣具有2枚明显的黑点；雌蛾圆斑隐现。

[生活习性] 以香樟、杧果、合欢、山茶、山楂等植物为食。

[保护等级] 无。

[分布情况] 在国内分布于湖北、浙江、江西、湖南、四川、云南、福建、台湾、广东、广西、海南等。在后河保护区分布于杨家河等，所见频率较低。

松栎枯叶蛾 Paralebeda plagifera

松栎枯叶蛾 Paralebeda plagifera

[目] 鳞翅目 Lepidoptera

[科] 枯叶蛾科 Lasiocampidae

[形态特征] 雄蛾翅展62.0mm左右，雌蛾翅展95.0mm左右。全体褐色，腹部末端呈酱紫色。触角黄褐色，复眼黑色。胸部被有灰褐色长毛。前翅中部有棕褐色斜带，其后端稍窄、色浅，斜带边缘有灰白色银边；亚外缘斑列赤褐色，呈波状，上部呈3个黑色斑纹；翅中间由斜带外缘至缘边呈紫褐色；臀角斑小或消失。后翅色浅，中间呈2条黑色斑纹。翅反面内半部深褐色，呈圆弧状，外半部颜色浅。

[生活习性] 为害马褂木、板栗、果树杨梅花及用材树种麻栎，还寄生于马尾松、油松、云南松、华山松、水杉、金钱松、柏木、柳杉、杨、映山红、银杏、苹果、楠木、樟树、肉桂等多种针阔叶常绿和落叶树种。

[保护等级] 无。

[分布情况] 在国内分布于湖北、浙江、福建、广东、广西、西藏、陕西等。在后河保护区分布于杨家河等，所见频率较低。

褐带蛾 *Palirisa cervina*

[目] 鳞翅目 Lepidoptera

[科] 带蛾科 Eupterotidae

[形态特征] 体、翅灰褐色、褐色；雄性翅展67.0~75.0mm。触角黑褐色。前翅基部、胸、后翅后缘密被长毛，前翅有2条平行的褐色横带，内线深褐色，外横线橘黄色，外侧衬浅橘黄色纹，内侧布银色鳞粉，外缘呈明显的灰褐色波状斑纹。

[生活习性] 生活在低、中海拔山区。夜晚具趋光性。为害灌木。

[保护等级] 无。

[分布情况] 在国内分布于湖北、云南、广西等。在后河保护区分布于易家湾等，所见频率较低。

褐带蛾 *Palirisa cervina*

王氏樗蚕蛾 *Samia wangi*

王氏樗蚕蛾 *Samia wangi*

[目] 鳞翅目 Lepidoptera

[科] 天蚕蛾科 Saturniidae

[形态特征] 翅展130.0~160.0mm。翅青褐色。前翅顶角外突，端部钝圆，内侧下方有黑斑，斑的上方有白色闪形纹；内线、外线均为白色，有黑边，外线外侧有紫色宽带；中室端有较大新月形半透明斑。后翅色斑与前翅相似。

[生活习性] 成虫具有趋光性。

[保护等级] 无。

[分布情况] 在国内分布于湖北、新疆、四川、台湾、陕西、浙江等。在后河保护区分布于张家台、易家湾、老屋场等，所见频率较高。

柞蚕 *Antheraea pernyi*

柞蚕 *Antheraea pernyi*

[目] 鳞翅目 Lepidoptera

[科] 天蚕蛾科 Saturniidae

[形态特征] 翅展110.0～130.0mm。翅黄褐色。前翅前缘紫褐色，杂有白色鳞毛，顶角突出较尖；前翅有较大的透明眼斑，圆圈外有白色、黑色及紫红色线条轮廓。后翅眼斑四周黑线明显。

[生活习性] 翅上的鳞片可以吸收超声波能量，从而减少被蝙蝠探测到的风险。

[保护等级]《中国物种红色名录（2004）》无危（LC）物种。

[分布情况] 中国特有种，分布于东北、华北、东南及四川。在后河保护区分布于张家台等，所见频率较低。

枯球箩纹蛾 Brahmaea wallichii

枯球箩纹蛾 Brahmaea wallichii

[目] 鳞翅目 Lepidoptera

[科] 箩纹蛾科 Brahmaeidae

[形态特征] 翅展154.0mm左右。体黄褐色。胸部背面黑底黄褐边线；腹部背面黑底黄褐边线，背中线显著。前翅中带上部外缘齿状突出；前翅端部有枯黄斑，其中3根翅脉上有许多"人"字纹。后翅基部微黄；后翅外缘下3个半球形斑，其余成曲线形。

[生活习性] 具有趋光性；取食蜜水。

[保护等级] 无。

[分布情况] 在国内分布于湖北、云南、四川、台湾等。在后河保护区分布于庙岭、水滩头、张家台等，所见频率中等。

条背天蛾 *Cechenena lineosa*

[目] 鳞翅目 Lepidoptera

[科] 天蛾科 Sphingidae

[形态特征] 翅长50.0mm左右。头及肩板两侧有白色鳞毛。胸部背面灰褐色，有棕黄色背线。腹部背面有棕黄色条纹，两侧有灰黄色及黑色斑；身体腹面灰白色，两侧橙黄色。前翅自顶角至后缘基部有橙灰色斜纹，前缘部位有黑斑。后翅黑色有灰黄色横带。翅反面橙黄色，外缘灰褐色，顶角内侧前缘上有黑斑，各横线灰黑色。

[生活习性] 寄主植物为凤仙花、葡萄。

[保护等级] 无。

[分布情况] 在国内分布于湖北、陕西、甘肃、四川、台湾等。在后河保护区分布于庙岭、易家湾、张家台、老屋场等，所见频率较高。

条背天蛾 *Cechenena lineosa*

大背天蛾 Notonagemia analis

大背天蛾 Notonagemia analis

[目] 鳞翅目 Lepidoptera

[科] 天蛾科 Sphingidae

[形态特征] 翅长90.0mm左右。头灰褐色；肩板外缘有较粗的黑色纵线，后缘有1对黑色斑；腹部背线赭褐色，两侧有较宽的赭褐色纵带及断续的白色带。前翅赭褐色，密布灰白色点；翅顶角的斜线前有近三角形赭黑色斑，中室有一白点，并有1条较宽的赭黑斜线；前翅基部后缘有棕黑色毛。后翅赭黄色，近后角有分开的赭黑色斑，并有不甚显著的横带达后翅中央。

[生活习性] 寄主植物为梣树。

[保护等级] 无。

[分布情况] 在国内分布于湖北、浙江、江西、福建、广东、海南、四川、云南等。在后河保护区分布于易家湾等，所见频率较低。

姬缺角天蛾 Acosmeryx anceus

姬缺角天蛾 *Acosmeryx anceus*

[目] 鳞翅目 Lepidoptera

[科] 天蛾科 Sphingidae

[形态特征] 翅展70.0~88.0mm。体背面为赭褐色；腹部腹面为赤褐色。前翅红褐色；前缘略中央至后角有较深色斜带；亚外缘线淡色，自顶角下方呈弓形，近顶角处有一褐色三角形斑纹，其内具一暗褐色斑点。后翅赭褐色，中部有两条深色横带。

[生活习性] 植食性昆虫。

[保护等级] 无。

[分布情况] 在国内分布于湖北、云南、广西、台湾等。在后河保护区分布于老屋场等，所见频率中等。

鹰翅天蛾 *Ambulyx ochracea*

鹰翅天蛾 Ambulyx ochracea

[目] 鳞翅目 Lepidoptera

[科] 天蛾科 Sphingidae

[形态特征] 成虫体长48.0～50.0mm,翅展97.0～110.0mm。翅橙褐色。胸背黄褐色,两侧浓绿色至褐绿色;胸及腹部的腹面为橙黄色。前翅暗黄色,中线和外线褐绿色波状,顶角弯曲呈弓状似鹰翅,在内线部位近前缘及后缘处有2个褐绿色圆斑,后角内上方有褐色及黑色斑。后翅呈黄色。前、后翅反面橙黄色,前翅外缘宽带灰色。

[生活习性] 寄主为核桃科等植物。

[保护等级] 无。

[分布情况] 在国内分布于湖北、陕西、甘肃、河北、北京、辽宁、江苏、江西、浙江、广东、海南、湖南、四川、台湾等。在后河保护区分布于水滩头、百溪河等,所见频率中等。

桃天蛾 *Marumba gaschkewitschii*

[目] 鳞翅目 Lepidoptera

[科] 天蛾科 Sphingidae

[形态特征] 翅展80.0～85.0mm。胸部背侧中央为深黑褐色。前翅表面呈黄褐色，有黑褐色的弯曲线条，外侧呈不规则的锯齿状，中央内凹，附近有黑褐色的斑点，下缘有带状深色的斑。后翅表面呈桃红色。

[生活习性] 除为害枣树外，还可为害桃、酸枣、苹果、梨、葡萄、杏、李、樱桃等果树。成虫具趋光性，白天静伏不动，在傍晚和夜间活动。

[保护等级] 无。

[分布情况] 在国内分布广泛。在后河保护区分布于老屋场、水滩头等，所见频率中等。

桃天蛾 *Marumba gaschkewitschii*

榆绿天蛾 *Callambulyx tatarinovi*

榆绿天蛾 *Callambulyx tatarinovi*

[目] 鳞翅目 Lepidoptera

[科] 天蛾科 Sphingidae

[形态特征] 翅长35.0~40.0mm。翅面绿色，胸部背面黑绿色。前翅前缘顶角有1块较大的多角形深绿色斑，中线、外线间连成一块深绿色斑，外线成2条弯曲的波状纹。腹部背面粉绿色，各节后缘有1条棕黄色横纹。

[生活习性] 以蛹过冬，成虫6—8月出现。卵单产于寄主叶片上，初产卵淡绿色，将孵化时呈灰绿色。

[保护等级] 无。

[分布情况] 在国内分布于湖北、陕西、甘肃、河北、河南、山东、山西、宁夏等。在后河保护区分布于百溪河等，所见频率较低。

缺角天蛾 Acosmeryx castanea

缺角天蛾 Acosmeryx castanea

[目] 鳞翅目 Lepidoptera

[科] 天蛾科 Sphingidae

[形态特征] 翅长35.0～45.0mm。身体紫褐色，有金黄色闪光；腹部背面棕黑色。前翅各横线呈波状，前缘略中央至后角有较深色斜带，斜带上方有近三角形的灰棕色斑，顶角有小三角形深色纹；亚外缘线淡色，自顶角下方呈弓形。后翅棕黄色，前缘灰褐色，中部有2条深色横带；后翅中部有数条暗色齿状横线，前缘有白色斑，外缘灰褐色。

[生活习性] 寄主植物为葡萄、乌蔹莓。

[保护等级] 无。

[分布情况] 在国内分布于湖北、四川、云南、湖南、台湾等。在后河保护区分布于杨家河等，所见频率较低。

辛氏星舟蛾 Euhampsonia sinjaevi

辛氏星舟蛾 *Euhampsonia sinjaevi*

[目] 鳞翅目 Lepidoptera

[科] 舟蛾科 Notodontidae

[形态特征] 体长20.0~28.0mm；雄虫翅展70.0~80.0mm，雌虫翅展80.0~90.0mm。头和颈板灰白色；胸部背面和冠形毛簇棕红色；腹部背面淡褐黄色。前翅灰褐色，有3条不清晰的横线：内线呈不规则弯曲，伸达后缘的齿形毛簇；中线和外线呈松散的带形，在横脉外弯曲；横脉纹为长椭圆形浅黄色小斑；脉间缘毛灰白色，其余褐色；后缘橘黄色。后翅黄褐色，前缘黄白色，后缘带赭色。

[生活习性] 常栖息于气候温暖、植被茂盛的地方。

[保护等级] 无。

[分布情况] 在国内分布于湖北、湖南、四川、陕西、甘肃、云南等。在后河保护区分布于易家湾等，所见频率较低。

锦舟蛾 *Ginshachia elongata*

[目] 鳞翅目 Lepidoptera

[科] 舟蛾科 Notodontidae

[形态特征] 雄性翅展 50.0mm 左右。头部黄褐色。胸部暗黄褐色，翅基片锈黄色。前翅黄褐色，齿形毛簇黑色；基部有 1 个方形的银斑，其周围暗褐色；中室下有 1 个三角形银色大斑；沿中室下缘有 1 条暗褐色纵纹从翅基部伸到翅外缘；外线黄白色波状，外衬黑褐色影带，前缘尤其明显；亚端线由 1 列褐色斑点组成，每点内衬黄白色。后翅淡褐黄色，内缘中部的毛淡褐色。

[生活习性] 主要分布于海拔 1000 m 以上的山区。

[保护等级] 无。

[分布情况] 在国内分布于湖北、台湾等。在后河保护区分布于易家湾等，所见频率较低。

锦舟蛾 *Ginshachia elongata*

云舟蛾 *Neopheosia fasciata*

云舟蛾 *Neopheosia fasciata*

[目] 鳞翅目 Lepidoptera

[科] 舟蛾科 Notodontidae

[形态特征] 雄虫体长18.0mm左右，雌虫体长20.0～23.0mm；雄虫翅展42.0mm左右，雌虫翅展51.0～59.0mm。头部、胸部和基毛簇灰色掺有红褐色。腹部灰褐色。前翅淡黄褐带赭红色；翅基部和后缘黑棕色连接成带形，有3条暗褐色云雾状斜斑。后翅灰白带褐色，外缘暗褐色，臀角暗。

[生活习性] 寄主为李属植物。

[保护等级] 无。

[分布情况] 在国内分布于湖北、陕西、北京、甘肃、浙江、江西、湖南、四川、重庆、贵州、云南、西藏、福建、台湾、广东、广西、海南等。在后河保护区分布于杨家河、老屋场等，所见频率中等。

肖剑心银斑舟蛾 *Tarsolepis japonica*

肖剑心银斑舟蛾 *Tarsolepis japonica*

[目] 鳞翅目 Lepidoptera

[科] 舟蛾科 Notodontidae

[形态特征] 雄虫体长28.0～29.0mm；翅展68.0～72.0mm。雌蛾触角与雄蛾相同，但栉齿较短。颈板和前、中胸背面褐灰色；腹部背面末节两边有1条黑褐色纵线，腹面基部毛簇鲜红色。前翅较暗，外缘灰褐色宽带较窄，翅面上有2枚对称平行状的银白色三角斑；后翅较暗。前翅反面较暗，有1个淡黄色的椭圆形斑。

[生活习性] 寄主为槭属植物。

[保护等级] 无。

[分布情况] 在国内分布于湖北、江苏、浙江、福建、广西、海南、贵州、云南、台湾等。在后河保护区分布于水滩头等，所见频率较低。

核桃美舟蛾 *Uropyia meticulodina*

核桃美舟蛾 Uropyia meticulodina

[目] 鳞翅目 Lepidoptera

[科] 舟蛾科 Notodontidae

[形态特征] 体长18.0～23.0mm；雄虫翅展44.0～53.0mm，雌虫翅展53.0～63.0mm。头部赭色；颈板和腹部灰褐黄色；胸部背面暗棕色；前翅暗棕色；前、后缘各有1块黄褐色大斑，分别呈大刀形、半椭圆形；每斑内各有4条衬明亮边的暗褐色横线；横脉纹暗褐色。

[生活习性] 寄主植物为胡桃、胡桃楸。散居，静止时似龙舟形。

[保护等级] 无。

[分布情况] 在国内分布于湖北、北京、吉林、辽宁、山东、江苏、浙江、江西、福建、湖南、陕西、甘肃、四川、云南、贵州、广西等。在后河保护区分布于张家台、杨家河等，所见频率较低。

黑蕊舟蛾 *Dudusa sphingiformis*

[目] 鳞翅目 Lepidoptera

[科] 舟蛾科 Notodontidae

[形态特征] 体长23.0～37.0mm；雄虫翅展70.0～83.0mm，雌虫翅展86.0～89.0mm。头和触角黑褐色。颈板、翅基片和前、中胸背面灰黄褐色，各有2条褐色线。前胸中央有2个黑点。冠形毛簇端部、后胸、腹部背面、臀毛簇和匙形毛簇黑褐色。前翅具宽的黑色斜带，基部有1个黑点；翅顶到后缘近基部，暗褐色，略呈一大三角斑；亚基线内线外线灰白色。

[生活习性] 寄主为栾树、槭属植物。前、后端翘起如龙舟，受惊后前端不断颤动以示警戒。

[保护等级] 无。

[分布情况] 在国内分布于湖北、北京、河北、浙江、福建、江西、山东、河南、湖南、广西、四川、贵州、云南、陕西、甘肃等。在后河保护区分布于张家台、老屋场、百溪河等，所见频率高。

黑蕊舟蛾 *Dudusa sphingiformis*

银二星舟蛾 *Euhampsonia splendida*

银二星舟蛾 *Euhampsonia splendida*

[目] 鳞翅目 Lepidoptera

[科] 舟蛾科 Notodontidae

[形态特征] 体长23.0～25.0mm；雄虫翅展59.0～64.0mm，雌虫翅展74.0mm左右。头和颈板灰白色；胸部背面和冠形毛簇柠檬黄色；腹部背面淡褐黄色。前翅灰褐色，前缘灰白色；内、外线暗褐色，呈"V"字形汇合于后缘中央；横脉纹由2个银白色圆点组成，银点周围柠檬黄色。后翅暗灰褐色，前缘灰白色，后缘褐黄色，有1条模糊暗褐色中线。

[生活习性] 寄主植物为蒙古栎。

[保护等级] 无。

[分布情况] 在国内分布于湖北、北京、河北、辽宁、吉林、黑龙江、浙江、山东、河南、湖南、陕西等。在后河保护区分布于界头、易家湾等，所见频率低。

胡桃豹夜蛾 *Sinna extrema*

胡桃豹夜蛾 *Sinna extrema*

[目] 鳞翅目 Lepidoptera

[科] 瘤蛾科 Nolidae

[形态特征] 体长15.0mm左右；翅展32.0～40.0mm。头、胸白色，颈板、翅基片及前、后胸均有黄斑。前翅橘黄色；外线内方有许多大小不一的白斑，形状各异，外线为一曲折白带；顶角有一白色大斑，约呈三角形，其边缘有4个小黑斑；翅外缘后半部有3个黑点。后翅白色带浅褐色。腹部黄白色。

[生活习性] 寄主为枫杨、胡桃属植物。

[保护等级] 无。

[分布情况] 在国内分布于湖北、陕西、甘肃、黑龙江、河南、江苏、浙江、湖南、江西、福建、海南、四川、云南等。在后河保护区分布于百溪河等，所见频率低。

太平粉翠夜蛾 *Hylophilodes tsukusensis*

太平粉翠夜蛾 *Hylophilodes tsukusensis*

[目] 鳞翅目 Lepidoptera

[科] 瘤蛾科 Nolidae

[形态特征] 翅展24.0～34.0mm。头部黄绿色，额白色，触角红褐色。胸部绿色；翅基片端部白色；胸背面中央有黄色纵带，两侧白色。后胸具黄毛。足红棕色，后足胫节白色。前翅黄绿色；内线直，中央黄色，内侧衬绿色，外侧衬白色；外线中央黄色，内侧衬白色，外侧衬绿色；亚端线绿色，三曲形；翅前缘带有黄色，端部红色；翅后缘区带有黄色，外缘毛红棕色。后翅白色。

[生活习性] 幼虫以山毛榉为食。

[保护等级] 无。

[分布情况] 在国内分布于湖北、浙江、江西等。在后河保护区分布于庙岭、水滩头等，所见频率较低。

洼皮瘤蛾 *Nolathripa lactaria*

[目] 鳞翅目 Lepidoptera

[科] 瘤蛾科 Nolidae

[形态特征] 翅展21.0～30.0mm。头、胸白色。前翅前半部白色；前翅后半暗褐色；中室基部一簇白竖鳞；端部一黑纹达前缘脉；外线黑色，有银色鳞簇；亚端线浅褐色波浪形，内侧衬黑色，端线黑色。后翅白色，端区浅褐色。腹部浅褐间白色，基节白色。

[生活习性] 寄主植物为苹果、枇杷。

[保护等级] 无。

[分布情况] 在国内分布于湖北、陕西、甘肃、黑龙江、河北、湖南、江西、海南、四川等。在后河保护区分布于易家湾等，所见频率低。

洼皮瘤蛾 *Nolathripa lactaria*

旋夜蛾 *Eligma narcissus*

旋夜蛾 *Eligma narcissus*

[目] 鳞翅目 Lepidoptera

[科] 瘤蛾科 Nolidae

[形态特征] 翅展69.0～71.0mm。头、胸浅灰褐带紫色。前翅褐灰带紫色，前缘区黑色，其后缘弧形并衬白色；一波浪形黑线自中室至翅后缘；外线双线白色，织成网状；亚端线为1列黑点纹。后翅杏黄色，端带蓝黑色，其中有1列粉蓝斑。腹部杏黄色，各节背面有黑斑。

[生活习性] 寄主植物为臭椿、桃。

[保护等级] 无。

[分布情况] 在国内分布于湖北、河北、山西、湖南、浙江、福建、四川、云南、山东。在后河保护区分布于老屋场等，所见频率较低。

鳞翅目 Lepidoptera

丹日明夜蛾 *Sphragifera sigillata*

丹日明夜蛾 *Sphragifera sigillata*

[目] 鳞翅目 Lepidoptera

[科] 夜蛾科 Noctuidae

[形态特征] 翅展39.0～42.0mm。头、胸及前翅白色，额黑褐色。翅基片基部有一暗褐斑。前翅基线仅在中室现一黑点；内线褐色波浪形，肾纹新丹形；外线褐色，仅在肾纹前后可见；亚端区一棕褐大斑，似桃形；亚端线褐色双线波浪形；端线黑褐色锯齿形。后翅赭白色，端区色暗。腹部灰黄色，基部稍白。

[生活习性] 生活在低、中海拔山区。夜晚具趋光性。

[保护等级] 无。

[分布情况] 在国内分布于湖北、黑龙江、辽宁、陕西、甘肃、河南、浙江、福建、四川、云南、江苏等。在后河保护区分布于水滩头、庙岭、张家台等，所见频率较低。

黄修虎蛾 *Sarbanissa flavida*

黄修虎蛾 *Sarbanissa flavida*

[目] 鳞翅目 Lepidoptera

[科] 夜蛾科 Noctuidae

[形态特征] 体长20.0mm左右，翅展54.0mm左右。头部及胸部黑棕色，颈板基半部红棕色，下胸及足杏黄色；腹部杏黄色，背面1列黑斑点。前翅灰色，密布棕色细点；内线与外线均双线黑色，后者波曲外弯，环纹与肾纹紫色灰白边；外线前后端外侧各1个枣红色斑；顶角有1个枣红色斑；端线为1列暗棕纹。后翅杏黄色。

[生活习性] 成虫日间活动，吸水和取食花蜜，飞翔力强。

[保护等级] 无。

[分布情况] 在国内分布于湖北、湖南、四川、云南、西藏等。在后河保护区分布于老屋场、易家湾等，所见频率较高。

金掌夜蛾 *Tiracola aureata*

[目] 鳞翅目 Lepidoptera

[科] 夜蛾科 Noctuidae

[形态特征] 成虫体长20.0~23.0mm，翅展50.0~60.0mm。翅面黄褐色；前翅前缘中央处有1枚褐色具金属光泽斜向斑纹；翅端褐色，内具黄褐色椭圆形斑，顶角内侧有褐色斑，此斑至臀角区域颜色较深。

[生活习性] 幼虫取食紫薇、马尾松、水芹菜、菊科、水黄皮、悬钩子类等植物。

[保护等级] 无。

[分布情况] 在国内分布于湖北、福建、浙江、台湾、广东、四川、西藏等。在后河保护区分布于易家湾等，所见频率低。

金掌夜蛾 *Tiracola aureata*

淡银纹夜蛾 *Macdunnoughia purissima*

淡银纹夜蛾 *Macdunnoughia purissima*

[目] 鳞翅目 Lepidoptera

[科] 夜蛾科 Noctuidae

[形态特征] 体长14.0mm左右,翅展30.0mm左右。头部及胸部灰色,后胸及第1腹节毛簇黑褐色。前翅灰色,内线后半黑褐色,2脉基部有2个银斑,中室端部有1个暗褐斑,外线与亚端线黑褐色;内外线间在中室后黑褐色,有一暗褐线自中室下角伸至前缘脉;翅外缘前部色暗。后翅浅褐色,中部1暗褐线。腹部灰色。

[生活习性] 具有趋光性。

[保护等级] 无。

[分布情况] 在国内分布于湖北等。在后河保护区分布于老屋场、杨家河等,所见频率低。

红晕散纹夜蛾 *Callopistria repleta*

红晕散纹夜蛾 *Callopistria repleta*

[目] 鳞翅目 Lepidoptera

[科] 夜蛾科 Noctuidae

[形态特征] 翅展33.0~40.0mm。头、胸浅褐黄色，杂黑色及少许白色。前翅棕黑色间红赭色、褐色和白色；翅脉灰白色，但4-7脉褐黄色，基线黄白色；内线、外线及亚端线白色；剑纹黑色蓝白边，环纹黑色黄边，肾纹乳黄色；中有双黑纹，外线双线；亚端线内侧一锯齿形黑线后翅灰褐色腹部褐黄色。

[生活习性] 幼虫以蕨类植物为食。

[保护等级] 无。

[分布情况] 在国内分布于湖北、黑龙江、山西、陕西、河南、浙江、湖南、福建、广西、海南、四川、云南等。在后河保护区分布于杨家河等，所见频率较低。

选彩虎蛾 *Episteme lectrix*

选彩虎蛾 *Episteme lectrix*

[目] 鳞翅目 Lepidoptera

[科] 夜蛾科 Noctuidae

[形态特征] 体长26.0mm左右，翅展79.0mm左右。头部及胸部黑色。翅基片基部一淡黄斑，腹部黄色，有黑横条。前翅黑色，中室基部一淡黄色三角形斑；中室中部一淡黄色方斑，其后一淡黄色斜方斑；外区前半有两组长方形淡黄斑。后翅黄色，基部黑色，中室端部一黑斑。

[生活习性] 寄主植物为蘋叶。

[保护等级] 无。

[分布情况] 在国内分布于湖北、陕西、浙江、江西、台湾、四川、贵州、云南等。在后河保护区分布于景区栈道等，所见频率中等。

白条夜蛾 *Ctenoplusia albostriata*

[目] 鳞翅目 Lepidoptera

[科] 夜蛾科 Noctuidae

[形态特征] 体长15.0mm左右，翅展33.0mm左右。头部及胸部褐色，颈板有黑线，腹部淡褐色。前翅暗褐色，基线、内线及外线棕黑色，内、外线间色较深，有一褐白色斜条，肾纹黑边，亚端线棕黑色锯齿形。后翅褐色。

[生活习性] 具有迁飞特性。取食十字花科蔬菜，也能防控加拿大一枝黄花、小飞蓬等外来菊科植物。主要寄主植物有小飞蓬、白菜、甘蓝、桃和马尾松等。

[保护等级] 无。

[分布情况] 在国内分布于湖北、陕西、甘肃、安徽、江苏、浙江、上海、台湾、山东、辽宁、四川等。在后河保护区分布于老屋场等，所见频率较低。

白条夜蛾 *Ctenoplusia albostriata*

折纹殿尾夜蛾 *Anuga multiplicans*

折纹殿尾夜蛾 *Anuga multiplicans*

[目] 鳞翅目 Lepidoptera

[科] 尾夜蛾科 Euteliidae

[形态特征] 翅展40.0mm左右。头、胸、腹及前翅暗褐色，杂灰色。前翅后半色较纯褐，基线、内线均双线黑色；内线波浪形，环纹为一黑点，肾纹棕色黑边；中线黑色；外线黑色锯齿形，齿端有黑、白点；一黑色波浪形线自顶角内斜至后缘；亚端线灰色锯齿形，内侧具1列黑点。后翅暗褐色，基部灰色；外线、亚端线黑色，仅后半明显。

[生活习性] 成虫具有趋光性。

[保护等级] 无。

[分布情况] 在国内分布于湖北、浙江、湖南、福建、广东、海南、四川、贵州、云南等。在后河保护区分布于界头等，所见频率较低。

褐带东灯蛾 *Eospilarctia lewisii*

褐带东灯蛾 *Eospilarctia lewisii*

[目] 鳞翅目 Lepidoptera

[科] 目夜蛾科 Erebidae

[形态特征] 翅展40.0~50.0mm。雄蛾触角黑色、双栉形，额黑色，颈具红圈，颈板具黑点，边缘稍带红色，胸背具黑色纵带，肩角黑与红色，足腿节上方红色，胫节和跗节上方黑色，腹部背面除基部外红色，腹面白色，背面、侧面、亚侧面各具1列黑点；前翅白色，翅脉黄色或白色，前缘具黑边，中室上角具2个黑点，上角上方至翅顶前有一黑带；后翅白色，横脉纹内、外方有黑褐色斑点。

[生活习性] 幼虫植食性。

[保护等级] 无。

[分布情况] 在国内分布于湖北、浙江、湖南、广西、陕西、四川、云南等。在后河保护区分布于易家湾等，所见频率低。

黄斜带毒蛾 *Numenes disparilis*

黄斜带毒蛾 *Numenes disparilis*

[目] 鳞翅目 Lepidoptera

[科] 目夜蛾科 Erebidae

[形态特征] 雄性翅展42.0～46.0mm，雌性翅展50.0～55.0mm。触角浅黄色，中央有一黑色纵带，栉齿灰黑色；头部、胸部和足橙黄色带黑褐色毛鳞。前翅黑褐色，略带青紫光泽；前缘近基部有一小浅黄色斑；从前缘中部到臀角有一浅黄色斜带，从带中央到翅顶有一浅黄色斜带，形成三叉形带；翅脉色浅。后翅和缘毛褐黑色。前、后翅反面灰褐黑色，斑纹同正面。

[生活习性] 寄主植物为鹅耳枥、铁木。

[保护等级] 无。

[分布情况] 在国内分布于湖北、吉林、黑龙江等。在后河保护区分布于老屋场、水滩头等，所见频率中等。

闪光苔蛾 *Chrysaeglia magnifica*

[目] 鳞翅目 Lepidoptera

[科] 目夜蛾科 Erebidae

[形态特征] 雄性翅展45.0～60.0mm，雌性翅展60.0～65.0mm。体金黄色；前胸背斑有2枚蓝绿色斑。前翅前缘带金属绿色、在基域宽、在中域窄、向翅顶再扩宽；后缘区近基部具深绿色斜斑，中带深绿色在中室下方向内扩宽，端带很宽且具紫色反光。

[生活习性] 幼虫以苔藓与地衣为食。成虫具有趋光性。

[保护等级] 无。

[分布情况] 在国内分布于湖北、湖南、广西、四川、云南、西藏、台湾等。在后河保护区分布于老屋场等，所见频率较低。

闪光苔蛾 *Chrysaeglia magnifica*

翎壶夜蛾 *Calyptra gruesa*

翎壶夜蛾 *Calyptra gruesa*

[目] 鳞翅目 Lepidoptera

[科] 目夜蛾科 Erebidae

[形态特征] 翅展65.0mm左右。头部与胸部褐色带紫灰色，雄蛾触角双栉形。前翅褐色带紫灰色；基线暗棕色，在中室前缘折角，其后直线内斜；内线暗棕色；肾纹暗褐色至黑棕色，前后半各有一暗点，外缘中凹；外线红棕色衬暗褐色，自顶角直线内斜至翅后缘中部；翅后缘内半有一大后突齿，其外方的翅后缘内凹；顶角尖而外突，外缘中部拱曲。后翅褐色。

[生活习性] 寄主为防己属植物。

[保护等级] 无。

[分布情况] 在国内分布于湖北、陕西、甘肃、浙江、湖南等。在后河保护区分布于老屋场、杨家河、百溪河、张家台等，所见频率中等。

三斑蕊夜蛾 Cymatophoropsis trimaculata

三斑蕊夜蛾 Cymatophoropsis trimaculata

[目] 鳞翅目 Lepidoptera

[科] 目夜蛾科 Erebidae

[形态特征] 体长15.0mm左右，翅展35.0mm左右。头部黑褐色；胸部白色，翅基片端部与后胸褐色；腹部灰褐色，前后端带白色。前翅黑褐色，基部、顶角及臀角各一大斑，底色白，中有暗褐色；基部的斑最大，外缘波曲外弯，斑外缘毛白色，其余黑褐色；2脉端部外缘毛有一白点。后翅褐色，横脉纹及外线暗褐色。

[生活习性] 成虫趋光性强。幼虫白天栖息于枝条，晚上取食叶片。

[保护等级] 无。

[分布情况] 在国内分布于湖北、陕西、甘肃、黑龙江、河北、山东、湖南、福建、广西、云南等。在后河保护区分布于杨家河、水滩头等，所见频率较低。

霉巾夜蛾 *Parallelia maturata*

霉巾夜蛾 *Parallelia maturata*

[目] 鳞翅目 Lepidoptera

[科] 目夜蛾科 Erebidae

[形态特征] 翅展52.0~58.0mm。头、颈板紫棕色。前翅紫灰色；内线内方带暗褐色，内线直线外斜；中线直；外线黑棕色，在6脉成外突齿，其后内斜；亚端线灰白色锯齿形，在翅脉上为白点，顶角一棕黑斜纹。后翅暗褐色；端区带紫灰色。腹部暗灰褐色。

[生活习性] 成虫具有趋光性。

[保护等级] 无。

[分布情况] 在国内分布于湖北、陕西、甘肃、山东、河南、江苏、浙江、台湾、福建、江西、海南、四川、贵州、云南等。在后河保护区分布于老屋场等，所见频率低。

超桥夜蛾 *Rusicada fulvida*

[目] 鳞翅目 Lepidoptera

[科] 目夜蛾科 Erebidae

[形态特征] 翅展40.0～49.0mm。头、胸棕色杂黄色。前翅橙黄色，密布赤锈色细点；基线紫红棕色，其后杂有灰褐色；内线紫红棕色，波浪形外斜，环纹只现一白点；中线紫红棕色，微波浪形，贴近肾纹；肾纹不很清晰，后半为一黑棕色圈；外线紫红棕色，波浪形；亚端线深紫棕色，不规则波浪形，内侧紫棕色较晕散；翅外缘中部外突成钝齿状，缘毛橙黄色，端部白色。后翅褐色，端区色较暗。腹部灰褐色。

[生活习性] 具有趋光性。

[保护等级] 无。

[分布情况] 在国内分布于湖北、山东、浙江、福建、江西、广东、四川、云南等。在后河保护区分布于易家湾等，所见频率低。

超桥夜蛾 *Rusicada fulvida*

环夜蛾 Spirama retorta

环夜蛾 *Spirama retorta*

[目] 鳞翅目 Lepidoptera

[科] 目夜蛾科 Erebidae

[形态特征] 翅展66.0mm左右。雄蛾头、胸及前后翅黑棕色；前翅各横线黑色，外线、亚端线均双线，肾纹后部膨大旋曲，边缘黑、白色，凹曲处至顶角有隐约白纹，外线前后段双线较宽；后翅横线黑色，较直且内斜，微波浪形。雌蛾褐色；前翅浅赭黄带褐色，内线内侧有二黑棕斜纹，外侧一黑棕斜条；后翅色同前翅。

[生活习性] 寄主植物为合欢。

[保护等级] 无。

[分布情况] 在国内分布于湖北、陕西、甘肃、辽宁、山东、河南、江苏、浙江、福建、江西、广东、海南、广西、四川、云南等。在后河保护区分布于张家台、庙岭、杨家河等，所见频率中等。

白肾夜蛾 *Edessena gentiusalis*

白肾夜蛾 *Edessena gentiusalis*

[目] 鳞翅目 Lepidoptera

[科] 目夜蛾科 Erebidae

[形态特征] 体长 19.0mm 左右，翅展 47.0mm 左右。全体暗棕色。前翅内线隐约可见弧形外弯；环纹为 1 个黑点；肾纹巨大，白色；外线、亚端线隐约可见。后翅中室有 1 个白色长点；外线隐约可见；亚端线模糊。

[生活习性] 成虫具有趋光性。

[保护等级] 无。

[分布情况] 在国内分布于湖北、云南、河北、湖南、海南、福建、四川、西藏等。在后河保护区分布于水滩头等，所见频率较低。

白线篦夜蛾 *Episparis liturata*

白线篦夜蛾 *Episparis liturata*

[目] 鳞翅目 Lepidoptera

[科] 目夜蛾科 Erebidae

[形态特征] 翅展38.0mm左右。头、胸、腹及前翅黄褐色。前翅中线棕色，其余各横线白色；环纹为一黑点；肾纹白色近三角形；中线后半波浪形，前端外侧一白纹；亚端线波浪形；外线前段与顶角间浅黄色，并有棕色细点。后翅褐色；前缘区白色；外线暗棕色外弯；亚端线白色，在中褶折角；端线白色波浪形。

[生活习性] 具有趋光性。

[保护等级] 无。

[分布情况] 在国内分布于湖北、陕西、甘肃、浙江、云南、江苏等。在后河保护区分布于百溪河、易家湾等，所见频率中等。

毛魔目夜蛾 *Erebus pilosa*

[目] 鳞翅目 Lepidoptera

[科] 目夜蛾科 Erebidae

[形态特征] 翅展90.0mm左右。头部与胸部棕褐色。雄蛾前翅黑褐色，带有青紫色光泽，肾纹红褐色，后端外凸，呈二齿形，杂有少许银蓝色，黑边，线内侧衬褐色，与肾纹之间为黑色大斑；前后翅后缘波浪状，后中线白色，有些个体不明显；后翅黑褐色，有一狭窄紫蓝色端带。雌蛾后翅可见中线及白色波浪形外线。

[生活习性] 夜间活动，吸果为害。

[保护等级] 无。

[分布情况] 在国内分布于湖北、陕西、甘肃、浙江、福建、江西、四川等。在后河保护区分布于易家湾等，所见频率较低。

毛魔目夜蛾 *Erebus pilosa*

绕环夜蛾 *Spirama helicina*

绕环夜蛾 *Spirama helicina*

[目] 鳞翅目 Lepidoptera

[科] 目夜蛾科 Erebidae

[形态特征] 翅展62.0mm左右。头、胸深棕色。前翅黑棕色，外线外方带黄色，内线、亚端线及端线黑褐色后半内侧衬赭黄色，肾纹为蝌蚪形大斑，后缘线较粗而黑，外线双线黑色强外弯，外一线微锯齿形，亚端线微波浪形，后半双线。后翅内半暗褐色，外半褐黄色；中线、亚端线黑褐色，后者双线，近端外缘有2条黑褐波浪形线。腹部红色，各节有黑条纹。

[生活习性] 成虫具有趋光性。

[保护等级] 无。

[分布情况] 在国内分布于湖北、陕西、甘肃、江西等。在后河保护区分布于杨家河等，所见频率较低。

宽带美凤蝶 *Papilio nephelus*

宽带美凤蝶 *Papilio nephelus*

[目] 鳞翅目 Lepidoptera

[科] 凤蝶科 Papilionidae

[形态特征] 翅展95.0～120.0mm。体、翅黑色或黑褐色。后翅端半部的上半部有3～4个白斑或淡黄色斑，并排；外缘参差不齐，略呈齿状。翅反面色淡，前翅亚臀角处有白斑或灰白斑1～3个；后翅除4个白斑与正面相同外，在白斑下还有3个小的白斑或黄斑排到内缘；外缘有1列弯月形黄斑或白斑。

[生活习性] 成虫常见于热带丛林中，飞翔力强，常栖息于阴暗的泥潭边。吸食植物的花蜜。寄主为芸香科的飞龙掌血、花椒簕、光叶花椒及柑橘属植物。

[保护等级] 无。

[分布情况] 在国内分布于湖北、陕西、甘肃、山西、四川、云南、江西、海南、广东、广西、福建、台湾等。在后河保护区分布于百溪河等，所见频率中等。

巴黎翠凤蝶 *Papilio paris*

巴黎翠凤蝶 *Papilio paris*

[目] 鳞翅目 Lepidoptera

[科] 凤蝶科 Papilionidae

[形态特征] 翅展95.0~125.0mm。体、翅黑色或黑褐色，散布翠绿色鳞片。前翅亚外区有1条黄绿色或翠绿色横带，被黑色脉纹和脉间纹分割；翅反面前翅亚外缘区有1条很宽的灰白色或白色带。后翅端半部的上部有一大块翠蓝或翠绿色斑；臀角有1个环形红斑；外缘钝锯齿状；后翅基半部散布无色鳞片，亚外缘区有1列"W"字形或"U"字形的红色斑纹，臀角有1~2个环形斑纹，红斑的内侧镶有白边。

[生活习性] 成虫好访白色系花，一般在常绿林带的高处活动，飞行迅速，警觉性高而且很少停息，难以捕捉。常在林缘花丛间访花吸蜜。雄蝶喜欢在溪流沿岸的潮湿地吸水。寄主为芸香科的飞龙掌血、柑橘类等植物。

[保护等级] 无。

[分布情况] 在国内分布于湖北、河南、四川、云南、贵州、陕西、海南、广东、广西、浙江、福建、台湾、香港等。在后河保护区分布于百溪河、老屋场等，所见频率高。

碧凤蝶 *Papilio bianor*

碧凤蝶 *Papilio bianor*

[目] 鳞翅目 Lepidoptera

[科] 凤蝶科 Papilionidae

[形态特征] 成虫翅展90.0～135.0mm。体、翅黑色，满布翠绿色鳞片。后翅亚外缘有1列弯月形蓝色斑纹和红色斑纹；外缘波状；臀角有红色环形斑纹。翅反面前翅亚外缘区有灰黄或灰白色宽带。

[生活习性] 幼虫取食芸香科的臭檀、花椒，以及多种柑橘属植物。成虫喜访花，雄蝶爱吸水，飞行迅速，常活动于林缘开阔地。

[保护等级] 无。

[分布情况] 除新疆外，全国广泛分布。在后河保护区分布于百溪河、老屋场等，所见频率较高。

柑橘凤蝶 Papilio xuthus

柑橘凤蝶 Papilio xuthus

[目] 鳞翅目 Lepidoptera

[科] 凤蝶科 Papilionidae

[形态特征] 成虫翅展90.0～110.0mm。体、翅的颜色随季节不同而变化：春型色淡，呈黑褐色；夏型色深，呈黑色。翅上的花纹黄绿色或黄白色。前翅中室基半部有放射状斑纹4～5条，到端部断开几乎相连，端半部有2个横斑；外缘区有1列新月形斑纹。后翅基半部的斑纹都是顺脉纹排列，被脉纹分割；在亚外缘区有1列蓝色斑；外缘区有1列弯月形斑纹，臀角有1个环形或半环形红色斑纹。翅反面色稍淡，前、后翅亚外区斑纹明显。

[生活习性] 成虫常出现于空旷地或林木稀疏林中，常在湿地吸水或花间采蜜。

[保护等级] 无。

[分布情况] 遍布中国各地。在后河保护区分布于百溪河等，所见频率较低。

金裳凤蝶 *Troides aeacus*

金裳凤蝶 *Troides aeacus*

[目] 鳞翅目 Lepidoptera

[科] 凤蝶科 Papilionidae

[形态特征] 中国最大的蝴蝶，成虫翅展125.0～170.0mm。体背黑色，头、颈、胸侧有红毛，腹背黑色，节间与腹面呈黄色。前翅黑色，具天鹅绒般光泽，脉纹两侧灰白色。雌雄异型，雄性后翅金黄色，外缘区每翅室各有1个三角形黑色斑，斑的内侧有黑色鳞片形成的阴影纹，外缘波状，黑色，内缘具1条窄的黑色纵带和很宽的褶，褶内有灰白色长毛；雌性体稍大，前翅中室内有4条纵纹较雄蝶明显，后翅中室的端半部，各室的基部，亚外缘区及脉纹两侧均呈金黄色，其余大部分黑色，翅反面同正面。

[生活习性] 在中国南方几乎全年能见到成虫，每年3—4月及9—10月数量最多。成虫喜生活于炎热的丛林、山谷、丘陵，好访红色、橙色系列的花。

[保护等级] 国家二级护野生动物；《中国物种红色名录（2004）》近危（NT）物种；《濒危野生动植物种国际贸易公约》附录Ⅰ物种；《世界自然保护联盟濒危物种红色名录》无危（LC）物种。金裳凤蝶标本等工艺品交易导致数量减少。

[分布情况] 在国内分布于湖北、陕西、四川、云南、江西、西藏、浙江、广东、广西、海南、福建、香港、台湾等。在后河保护区分布于羊子溪、百溪河、老屋场、顶坪等，所见频率较低。

宽带青凤蝶 *Graphium cloanthus*

宽带青凤蝶 Graphium cloanthus

[目] 鳞翅目 Lepidoptera

[科] 凤蝶科 Papilionidae

[形态特征] 成虫翅展75.0～85.0mm。翅褐黑色。前翅中部有1串长方形的浅绿色斑组成的宽阔中域带，从顶角内侧开始斜向中部；前翅中室有2个浅绿色斑；后翅基半部有一块大的三角形斑；后翅亚外缘有1列浅绿色斑。翅反面似正面，但后翅基部、翅中部及臀角处有红色短线，前翅亚缘有1条淡色横线。后翅外缘波状，尾突长。雌雄同型，雌蝶较大，雄蝶后翅内缘上卷。

[生活习性] 成虫常在丘陵地带及小路上活动，飞行迅速。常在七叶树属和醉鱼草的花间飞舞吸蜜，有时可见在潮湿地及水沟旁吸水。寄主植物为樟、大叶楠、香楠、红楠等。

[保护等级]《中国物种红色名录（2004）》无危（LC）物种。

[分布情况] 中国为次要分布区，分布于湖北、陕西、江西、浙江、福建、云南、广东、台湾、广西、四川、湖南等。在后河保护区分布于百溪河等，所见频率中等。

黎氏青凤蝶 *Graphium leechi*

[目] 鳞翅目 Lepidoptera

[科] 凤蝶科 Papilionidae

[形态特征] 翅展70.0~80.0mm。翅黑色。前翅亚外缘有1列白斑；在中室外从前缘到后缘有1列逐斑增长的平行白色条纹；中室内有5条白色端横纹。后翅基半部有5条长短不一的白色条纹；亚外缘有1列白斑；外缘波状，无尾突。前翅反面与正面相似；后翅反面自中室末端外到后缘有4个黄斑，基角有1个黄斑，其余与正面相似。

[生活习性] 幼虫主要以木兰科马褂木、厚朴为食。常见聚集于水洼地吸水。成虫善飞翔，夜间和雨天多倒挂于树丛隐蔽处。

[保护等级] 《中国物种红色名录（2004）》无危（LC）物种。

[分布情况] 中国特有种，分布于湖北、江西、浙江、湖南、四川、云南、海南等。在后河保护区分布于百溪河等，所见频率中等。

黎氏青凤蝶 *Graphium leechi*

青凤蝶 Graphium sarpedon

青凤蝶 Graphium sarpedon

[目] 鳞翅目 Lepidoptera

[科] 凤蝶科 Papilionidae

[形态特征] 翅展70.0~85.0mm。翅黑色或浅黑色。前翅有1列青蓝色的方斑。后翅前缘中部到后缘中部有3个斑，其中，近前缘的1个斑白色或淡青白色；外缘区有1列新月形青蓝色斑纹；外缘波状，无尾突。后翅反面基部有1条红色短线，中后区有数条红色斑纹，其他与正面相似。

[生活习性] 飞翔力强，常在低海拔的潮湿与开阔地带活动，在庭园、街道及树林空地也常见，有时早上和黄昏常结队在潮湿地及水池旁憩息；喜欢访花吸蜜，常见于马缨丹属、醉鱼草属及七叶树属等植物的花上吸花蜜。寄主植物为樟科的樟树、沉水樟、假肉桂、天竺桂、红楠、香楠、大叶楠、山胡椒等。

[保护等级]《中国物种红色名录（2004）》无危（LC）物种。

[分布情况] 在国内分布于湖北、陕西、四川、西藏、云南、贵州、湖南、江西、浙江、海南、广东、广西、福建、台湾、香港等。在后河保护区分布于百溪河等，所见频率中等。

玉斑凤蝶 *Papilio helenus*

玉斑凤蝶 *Papilio helenus*

[目] 鳞翅目 Lepidoptera

[科] 凤蝶科 Papilionidae

[形态特征] 成虫翅展95.0～107.0mm。体、翅黑色。前翅无斑纹。后翅有3个彼此紧靠的白色或淡黄白色斑，近前缘1个小且呈半圆形或弯月状，后2个大小相仿；外缘波状，波谷有橙黄色斑；亚外缘有月牙形红斑纹；臀角处及附近有2条环形红斑纹。翅反面前翅中后区及亚外区有灰白色或灰黄色宽带，由下向上逐渐增宽，颜色逐渐变淡。

[生活习性] 成虫常在低山林地吸食杜鹃花、海桐花、百合及文殊兰等植物的花蜜。夏天在潮湿地方吸水，有时飞越过河流或高山，飞翔力很强。寄主为芸香科的黄檗及芸香属柑橘等植物。

[保护等级] 无。

[分布情况] 在国内分布于湖北、四川、云南、贵州、海南、广东、广西、福建、台湾等。在后河保护区分布于百溪河、老屋场等，所见频率高。

金凤蝶 Papilio machaon

金凤蝶 Papilio machaon

[目] 鳞翅目 Lepidoptera

[科] 凤蝶科 Papilionidae

[形态特征] 翅展90.0～120.0mm。体黑色或黑褐色，胸背有2条"八"字形黑带。翅黑褐色至黑色，斑纹黄色或黄白色。前翅基部的1/3有黄色鳞片；中室端半部有2个横斑；中后区有一纵列斑；外缘区有1列小斑。后翅基半部被脉纹分隔的各斑占据；亚外缘区有不十分明显的蓝斑，亚臀角有红色圆斑，外缘区有月牙形斑；外缘波状；尾突长短不一。

[生活习性] 成虫喜访花吸蜜，少数有吸水活动。寄主为伞形花科植物（茴香、胡萝卜、芹菜等）的花蕾、嫩叶和嫩芽梢。

[保护等级]《中国物种红色名录（2004）》无危（LC）物种。

[分布情况] 全国广大地区都有，分布于湖北、黑龙江、吉林、辽宁、河北、河南、山东、新疆、山西、陕西、甘肃、青海、云南、四川、西藏、江西、浙江、广东、广西、福建、台湾等。在后河保护区分布于百溪河、茅坪等，所见频率较低。

橙黄豆粉蝶 *Colias fieldii*

[目] 鳞翅目 Lepidoptera

[科] 粉蝶科 Pieridae

[形态特征] 翅展43.0～58.0mm。雌雄异型。翅为橙红色，前后翅外缘有黑色宽带，缘毛粉红色。翅反面颜色较淡，亚端有1列暗色斑。

[生活习性] 寄主植物为苜蓿。

[保护等级]《中国物种红色名录（2004）》无危（LC）物种。

[分布情况] 中国为主要分布区，分布于湖北、北京、山西、黑龙江、山东、湖南、广西、四川、贵州、云南、西藏、陕西、甘肃、青海。在后河保护区分布于顶坪等，所见频率较低。

橙黄豆粉蝶 *Colias fieldii*

大翅绢粉蝶 *Aporia largeteaui*

大翅绢粉蝶 *Aporia largeteaui*

[目] 鳞翅目 Lepidoptera

[科] 粉蝶科 Pieridae

[形态特征] 体背黑色，被白色毛；腹面白色。前后翅白色发黄，尤其是后翅浅黄色比前翅更为明显；翅脉及附近黑褐色，似墨汁渗透宣纸上的痕迹；前后翅亚外缘带呈淡模糊黑色弧带，其明显特征是后翅基部有黄色斑块。

[生活习性] 寡食性的昆虫。雄蝶常飞行在寄主周围，当有雌蝶羽化时，雄蝶就会上去交配。雌蝶只在小檗科窄叶十大功劳和阔叶十大功劳上产卵。

[保护等级]《中国物种红色名录（2004）》无危（LC）物种。

[分布情况] 在国内分布于湖北、陕西、河南、湖南、江西、浙江、福建、广东、广西、四川、云南、贵州、甘肃等。在后河保护区分布于窑湾岭、老屋场、张家台等，所见频率较高。

鳞翅目 Lepidoptera | 311

东方菜粉蝶 *Pieris canidia*

东方菜粉蝶 *Pieris canidia*

[目] 鳞翅目 Lepidoptera

[科] 粉蝶科 Pieridae

[形态特征] 翅展45.0～60.0mm。体躯细长，背面黑色，头部和胸部被白色绒毛，腹面白色。触角端部匙形。翅正面白色；前翅的前缘脉黑色，顶角有三角形黑斑，黑斑的内缘呈锯齿状；后翅外缘各脉端均有三角形的黑斑。翅反面白色或乳白色，除前翅2枚黑斑尚存外，其余斑均模糊。

[生活习性] 寄主为白菜、白花菜、芥菜等十字花科、白花菜科植物。

[保护等级]《中国物种红色名录（2004）》无危（LC）物种。

[分布情况] 中国为主要分布区，除黑龙江和内蒙古外，各省份均有分布。在后河保护区分布于百溪河、老屋场、顶坪、栗子坪、羊子溪等，所见频率高。

黑纹粉蝶 *Pieris melete*

黑纹粉蝶 *Pieris melete*

[目] 鳞翅目 Lepidoptera

[科] 粉蝶科 Pieridae

[形态特征] 翅展50.0～65.0mm。雄蝶翅白色，脉纹黑色；前翅前缘及顶角黑色；后翅前缘外方有1个黑色牛角状斑；前翅反面的顶角淡黄色；后翅反面具黄色鳞粉，基角处有1个橙色斑点，脉纹褐色明显。雌蝶翅基部淡黑褐色，黑色斑及后缘末端的条纹扩大，脉纹明显比雄蝶粗，后翅外缘有黑色斑列或横带，其余同雄蝶。本种有春、夏两型：春型较小，翅形稍细长，黑色部分较深；夏型较大，体色较春型淡而明显。

[生活习性] 寄主为十字花科植物。幼虫取食叶片和荚果。

[保护等级]《中国物种红色名录（2004）》无危（LC）物种。

[分布情况] 中国为主要分布区，分布于湖北、河北、上海、浙江、安徽、福建、江西、河南、湖南、广西、四川、贵州、云南、西藏、陕西、甘肃等。在后河保护区分布于界头等，所见频率中。

圆翅钩粉蝶 *Gonepteryx amintha*

[目] 鳞翅目 Lepidoptera

[科] 粉蝶科 Pieridae

[形态特征] 翅展60.0～75.0mm。雄蝶前翅正面深柠檬黄色，前缘和外缘有褐色脉端点，中室端脉上有暗橙红色圆斑1枚；后翅淡黄色，一翅脉明显粗大，后翅中室端脉橙色斑大。雌蝶白色到淡黄白色或淡绿白色。翅反面黄白色，中室端斑淡紫色。

[生活习性] 寄主植物为鼠李、黄槐等。

[保护等级]《中国物种红色名录（2004）》无危（LC）物种。

[分布情况] 在国内分布于湖北、浙江、河南、福建、海南、四川、云南、贵州、西藏、陕西、甘肃、台湾等。在后河保护区分布于栗子坪、顶坪、大阴坡、老屋场、窑湾岭等，所见频率中等。

圆翅钩粉蝶 *Gonepteryx amintha*

倍林斑粉蝶 *Delias berinda*

倍林斑粉蝶 *Delias berinda*

[目] 鳞翅目 Lepidoptera

[科] 粉蝶科 Pieridae

[形态特征] 雄蝶体长26.0～33.0mm，翅展69.0～94.0mm；雌蝶体长28.0～35.0mm，翅展75.0～98.0mm。雄蝶翅表红褐色至黑色，前翅翅表斑纹灰白色，模糊；亚外缘斑7个，线状；臀角处的亚外缘斑由2个小斑组成；后翅正面中域斑纹比前翅的稍宽，亚外缘斑卵形或圆形；反面黑褐色。雌蝶翅面灰褐色，前翅正面斑纹与雄蝶相似，只是较为明显。

[生活习性] 成虫常见于路旁的花丛间吸蜜或山顶开阔地疾飞而过，雄蝶偶尔在地上吸水。

[保护等级]《中国物种红色名录（2004）》无危（LC）物种。

[分布情况] 在国内分布于湖北、福建、江西、广西、四川、贵州、云南、西藏、陕西等。在后河保护区分布于大阴坡、关岔湾等，所见频率较低。

虎斑蝶 *Danaus genutia*

虎斑蝶 *Danaus genutia*

[目] 鳞翅目 Lepidoptera

[科] 蛱蝶科 Nymphalidae

[形态特征] 成虫体中大型。头胸部黑色，带白色斑点和线纹；腹部橙色。翅面底色橙黄色或橙红色。前翅前缘、端半部、后缘及翅脉均黑褐色，亚端部有5个大白斑，附近有多个小白点。后翅外缘和翅脉黑褐色，其中有2列小白点。

[生活习性] 访花。飞行缓慢。寄主植物包括萝藦科牛奶菜属、娃儿藤属、鹅绒藤属、匙羹藤属、大花藤属、马利筋属、牛角瓜属、萝藦属、天星藤属、夜来香属等属以及夹竹桃科植物。

[保护等级]《中国物种红色名录（2004）》无危（LC）物种。

[分布情况] 在国内分布于湖北、河南、四川、云南、西藏、江西、浙江、福建、广东、广西、台湾、海南等。在后河保护区分布于顶坪等，所见频率较低。

箭环蝶 Stichophthalma howqua

箭环蝶 Stichophthalma howqua

[目] 鳞翅目 Lepidoptera

[科] 蛱蝶科 Nymphalidae

[形态特征] 雄雌同型。翅正面浓橙色，前翅外缘有1条褐色细线，室有鱼纹斑。后翅鱼纹斑特大而显著。翅反面略带红色，前后翅中央及近基部有2条横波状纹。缘室中央各有5个红褐色眼斑，围有黑边，中心有白瞳点，外缘有2条波状线。

[生活习性] 生活在林间，飞行时忽高忽低，疾速穿梭在树木竹林间。成虫以树汁为食。寄主为禾本科的油芒、棕榈科的棕榈等植物。

[保护等级]《中国物种红色名录（2004）》无危（LC）物种。

[分布情况] 中国分布占50%左右，分布于湖北、陕西、浙江、江西、福建、广东、广西、四川、贵州、云南、台湾等。在后河保护区分布于野猫岔、老屋场、南山等，所见频率中等。

绿豹蛱蝶 Argynnis paphia

[目] 鳞翅目 Lepidoptera

[科] 蛱蝶科 Nymphalidae

[形态特征] 雌雄异型：雄蝶翅橙黄色；雌蝶暗灰色至灰橙色，黑斑较雄蝶发达。雄蝶前翅有4条粗长的黑褐色性标，中室内有4条短纹，翅端部有3列黑色圆斑；后翅基部灰色，有1条不规则波状中横线及3列圆斑；反面前翅顶端部灰绿色，有波状中横线及3列圆斑；后翅灰绿色，有金属光泽，亚缘有白色线及眼状纹，中部至基部有3条白色斜带。

[生活习性] 寄主为悬钩子属植物。

[保护等级]《中国物种红色名录（2004）》无危（LC）物种。

[分布情况] 中国为次要分布区，分布于湖北、黑龙江、辽宁、吉林、河北、山西、河南、新疆、宁夏、陕西、甘肃、浙江、四川、西藏、江西、福建、广西、广东、云南、台湾等。在后河保护区分布于顶坪、蝴蝶谷、康家坪等，所见频率中等。

绿豹蛱蝶 Argynnis paphia

断眉线蛱蝶 *Limenitis doerriesi*

断眉线蛱蝶 *Limenitis doerriesi*

[目] 鳞翅目 Lepidoptera

[科] 蛱蝶科 Nymphalidae

[形态特征] 翅展42.0mm左右。头，胸及前翅褐色。前翅或带紫色；翅脉纹及翅脉两侧浅灰色，基线与内侧均双线黑色，外线黑褐色，亚端线灰白色，两侧各1列黑齿纹；剑纹长舌形，环纹内端较尖，环、肾纹间暗褐色，外线内侧一暗褐纹。后翅褐黄色。腹部灰色。

[生活习性] 幼虫以金银花为食。

[保护等级]《中国物种红色名录（2004）》无危（LC）物种。

[分布情况] 中国为主要分布区，分布于湖北、云南、河南、黑龙江、内蒙古、青海、新疆等。在后河保护区分布于百溪河等，所见频率中等。

阿环蛱蝶 Neptis ananta

阿环蛱蝶 Neptis ananta

[目] 鳞翅目 Lepidoptera

[科] 蛱蝶科 Nymphalidae

[形态特征] 前后翅有微弱缘毛，黑白相间不明显；翅背面黑褐色，斑纹黄色，前翅中室内黄色条斑有缺刻，亚顶角有2个黄斑，上方的1个外角尖突；后翅有2条黄色横带；翅腹面红棕色，斑纹与背面相似。

[生活习性] 栖息于森林、林缘、草原、荒地和农园等各种环境；成蝶有访花性。

[保护等级]《中国物种红色名录（2004）》无危（LC）物种。

[分布情况] 在国内分布于湖北、安徽、浙江、广西、福建、海南、四川、云南、西藏等。在后河保护区分布于大阴坡、百溪河等，所见频率中等。

傲白蛱蝶 *Helcyra superba*

傲白蛱蝶 *Helcyra superba*

[目] 鳞翅目 Lepidoptera

[科] 蛱蝶科 Nymphalidae

[形态特征] 中大型蛱蝶。雌雄同型。翅背面白色，前翅由顶角到中区为斜向黑色，顶角有2个白斑，中室有1个灰色斑。后翅亚外缘为锯齿黑线，中区有1列模糊眼斑，外中区有数个大小不一黑点。翅腹面为白色，有光泽。

[生活习性] 一种快速飞行的蝴蝶，除偶尔到地面吸水外，其他时间都停在高高的树梢上。寄主有杨柳科植物等。

[保护等级]《中国物种红色名录（2004）》无危（LC）物种。

[分布情况] 中国特有种，分布于湖北、陕西、甘肃、安徽、浙江、江西、福建、湖南、四川、重庆、贵州、广西、广东、云南、台湾等。在后河保护区分布于吕家湾等，所见频率低。

白斑俳蛱蝶 *Parasarpa albomaculata*

[目] 鳞翅目 Lepidoptera

[科] 蛱蝶科 Nymphalidae

[形态特征] 雌雄异型。雄蝶翅正面黑色,前翅顶角有1个小白点,前后翅中区各有1个椭圆形白斑。雌蝶翅正面黑褐色,斑纹黄色,前翅顶角有3个斑。

[生活习性] 寄主植物有栗、茅栗。

[保护等级]《中国物种红色名录(2004)》近危(NT)物种。

[分布情况] 中国特有种,分布于湖北、陕西、四川等。在后河保护区分布于大阴坡等,所见频率较低。

白斑俳蛱蝶 *Parasarpa albomaculata*

残锷线蛱蝶 *Limenitis sulpitia*

残锷线蛱蝶 Limenitis sulpitia

[目] 鳞翅目 Lepidoptera

[科] 蛱蝶科 Nymphalidae

[形态特征] 翅正面黑褐色，斑纹白色。前翅中室内剑眉状纹在2/3处残缺；前翅中横斑列弧形排列。后翅中横带极倾斜，到达翅后缘的1/3处；亚缘带的大部分与中横带平行，不与翅的外缘平行。翅反面红褐色，除白色斑纹外有黑色斑点，有白色外缘线。

[生活习性] 寄主植物为水马桑、金银花。

[保护等级]《中国物种红色名录（2004）》无危（LC）物种。

[分布情况] 中国特有种，分布于湖北、海南、广东、广西、江西、浙江、福建、台湾、河南、四川、甘肃等。在后河保护区分布于百溪河等，所见频率中等。

翠蓝眼蛱蝶 Junonia orithya

翠蓝眼蛱蝶 Junonia orithya

[目] 鳞翅目 Lepidoptera

[科] 蛱蝶科 Nymphalidae

[形态特征] 翅展51.0~54.0mm。雄蝶前翅基部藏青色，后翅室蓝色；前翅前端有白色斜带；前后翅各有2个眼状斑，外缘灰黄色。雌蝶前翅基部深褐色，眼状斑比雄蝶大且醒目。本种季节型明显，秋型前翅M_1脉尖突，前翅反面色深，后翅为深灰褐色，斑纹模糊。

[生活习性] 幼虫喜食爵床科植物，喜在开阔草坪、阳光充足的地方低空飞舞。

[保护等级]《中国物种红色名录（2004）》无危（LC）物种。

[分布情况] 在国内分布于湖北、陕西、河南、江西、湖南、浙江、云南、广西、广东、香港、福建、台湾等。在后河保护区分布于百溪河、王先念屋场等，所见频率中等。

大二尾蛱蝶 *Polyura eudamippus*

大二尾蛱蝶 *Polyura eudamippus*

[目] 鳞翅目 Lepidoptera

[科] 蛱蝶科 Nymphalidae

[形态特征] 翅正面黑色，中域有一浅绿色大型宽带纹；翅反面浅绿色，中域有一缀黑边的褐色弧纹，亚外缘还有一深褐色横纹。因前后翅斑纹酷似我国古代军事上常用的弓箭图形，所以又被称为"弓箭蝶"。

[生活习性] 飞行速度快。寄主植物为黄檀、合欢。

[保护等级]《中国物种红色名录（2004）》无危（LC）物种。

[分布情况] 在国内分布于湖北、浙江、江西、福建、四川、广东、海南、广西、贵州、云南、台湾等。在后河保护区分布于百溪河等，所见频率较高。

大红蛱蝶 Vanessa indica

[目] 鳞翅目 Lepidoptera

[科] 蛱蝶科 Nymphalidae

[形态特征] 成虫翅展54.0～60.0mm。翅黑褐色，外缘波状。前翅脉外伸成角状，翅顶角有多个白色小点，亚顶角斜列4个白斑，中央有1条宽的红色不规则斜带。后翅暗褐色，外缘红色，内有1列黑色斑。

[生活习性] 访花，吮吸树液、粪便。飞行迅速。白天活动。卵散产于嫩叶面，初孵幼虫吐丝结网、卷叶为害。

[保护等级]《中国物种红色名录（2004）》无危（LC）物种。

[分布情况] 中国为次要分布区，全国广泛分布。在后河保护区分布于大阴坡、百溪河等，所见频率较低。

大红蛱蝶 Vanessa indica

大紫蛱蝶 Sasakia charonda

大紫蛱蝶 Sasakia charonda

[目] 鳞翅目 Lepidoptera

[科] 蛱蝶科 Nymphalidae

[形态特征] 翅展93.0~120.0mm。雄蝶上翅基部至中部为紫色，具紫蓝色光泽，有白斑；其余部分暗褐色，有黄色斑；后翅臀角附近有2个相连的三角形红斑。雌蝶全翅暗褐色；后翅有2列黄斑，弧形排列。

[生活习性] 常在空中作滑翔飞行，栖息在大树顶或中段，喜欢围在老树流出酸性汁液处取食。寄主为榆科朴属植物。

[保护等级]《中国物种红色名录（2004）》近危（NT）物种。

[分布情况] 中国为主要分布区，分布于湖北、北京、湖南、贵州、辽宁、河北、山西、河南、陕西、浙江、台湾等。在后河保护区分布于百溪河、茅坪等，所见频率中等。

二尾蛱蝶 *Polyura narcaea*

二尾蛱蝶 *Polyura narcaea*

[目] 鳞翅目 Lepidoptera

[科] 蛱蝶科 Nymphalidae

[形态特征] 翅绿色；前翅前缘有1条黑色宽带，外缘与亚缘2条黑色宽带平行，其间为淡绿色斑列，中室及翅基部为黑色；后翅外缘与亚缘带黑色，其间为淡绿色带，脉端有2个尾突，边黑色内蓝色。反面青白色，图案同正面，各条纹的颜色为红褐色，两侧镶有银色边，后翅沿外缘另有1列小黑点。

[生活习性] 喜在草丛低矮的阳坡腐烂树桩和晒热的牲畜粪便上停留。

[保护等级] 《中国物种红色名录（2004）》无危（LC）物种。

[分布情况] 在国内分布于湖北、河北、山东、山西、河南、陕西、甘肃、湖南、江苏、浙江、江西、福建、贵州、四川、云南、广西、广东、台湾等。在后河保护区分布于百溪河等，所见频率较高。

斐豹蛱蝶 *Argyreus hyperbius*

斐豹蛱蝶 *Argyreus hyperbius*

[目] 鳞翅目 Lepidoptera

[科] 蛱蝶科 Nymphalidae

[形态特征] 雌雄异型。雄蝶翅橙黄色，后翅外缘黑色具蓝白色细弧纹，翅面有黑色圆点。雌蝶前翅端半部紫黑色，其中有1条白色斜带。反面斑纹和颜色与正面有很大差异：前翅顶角暗绿色有小白斑；后翅斑纹暗绿色，亚外缘内侧有5个银白色小点，固有绿色环，中区斑列的内侧或外侧具黑线，此斑内侧的1列斑近方形，基部有3个圆，有黑边的圆斑；中室1个，内有白点，另有数个不规则纹。

[生活习性] 常于荆条等蜜源植物上采蜜。寄主为堇菜属植物。

[保护等级]《中国物种红色名录（2004）》无危（LC）物种。

[分布情况] 在国内分布于各地。在后河保护区分布于顶坪、百溪河等，所见频率较高。

黑绢斑蝶 *Parantica melaneus*

[目] 鳞翅目 Lepidoptera

[科] 蛱蝶科 Nymphalidae

[形态特征] 中型斑蝶。头胸部黑褐色，带白色斑点及线纹。腹部红褐色，腹面节间带白纹。翅为深褐色，有淡蓝色带光泽的半透明斑纹。翅腹面斑纹大致相同，但底色呈红褐色，后翅外侧带2列白色斑点。雄蝶后翅臂角附近有黑色暗斑状性标。

[生活习性] 幼虫取食萝藦科的小叶娃儿藤等。成虫喜访花，飞行较缓慢。

[保护等级] 无。

[分布情况] 在国内分布于湖北、广东、云南等。在后河保护区分布于康家坪等，所见频率低。

黑绢斑蝶 *Parantica melaneus*

黑脉蛱蝶 Hestina assimilis

黑脉蛱蝶 Hestina assimilis

[目] 鳞翅目 Lepidoptera

[科] 蛱蝶科 Nymphalidae

[形态特征] 翅正面淡蓝绿色，脉纹黑色。前翅有多条横黑纹，留出淡蓝绿的底色酷似斑纹。后翅亚外缘后半部有4～5个红色斑，斑内有黑点。

[生活习性] 寄主为朴树等榆科朴属植物。成虫白天活动。雄成虫飞翔能力强，飞行较高；雌成虫飞行能力较差，飞行较低。成虫主要以吸吮树木分泌的汁液、粪便等腐殖质的稀释液。交配前有婚飞行为。

[保护等级]《中国物种红色名录（2004）》无危（LC）物种。

[分布情况] 中国为主要分布区，分布于湖北、黑龙江、辽宁、河北、山西、山东、河南、陕西、甘肃、贵州、浙江、福建、广东、广西、湖南、江西、四川、云南、西藏、台湾等。在后河保护区分布于百溪河等，所见频率较低。

黄帅蛱蝶 *Sephisa princeps*

黄帅蛱蝶 *Sephisa princeps*

[目] 鳞翅目 Lepidoptera

[科] 蛱蝶科 Nymphalidae

[形态特征] 雄蝶翅面黑色，所有条斑均橙黄色，无白色条斑；前翅中室内有2个橙黄色斑；前翅中域一室斑眼状。雌蝶条斑的排列图案同雄蝶，但除前翅中室有2个黄色斑外，其余条斑均为白色。

[生活习性] 飞行迅速，有领域性，常在小溪、水坑、湿地边活动。吸食树干汁液、人畜粪便和腐烂水果。

[保护等级]《中国物种红色名录（2004）》无危（LC）物种。

[分布情况] 中国特有种，分布于湖北、黑龙江、四川、河南、陕西、甘肃、浙江、福建等。在后河保护区分布于百溪河等，所见频率较低。

灰翅串珠环蝶 *Faunis aerope*

灰翅串珠环蝶 *Faunis aerope*

[目] 鳞翅目 Lepidoptera

[科] 蛱蝶科 Nymphalidae

[形态特征] 翅正面浅灰色，翅脉、顶角和前、外缘色浓。翅反面灰色较深，两翅有棕褐色波状基线，中线和端线各1条，中域有1列大小不等白色圆点；前翅后缘基部有1个闪光斑，与后翅前缘一毛丛相印。

[生活习性] 为害菝葜科植物。成虫飞行能力弱，多数在黄昏飞行。喜停留在阴湿的腐烂枝叶上。

[保护等级]《中国物种红色名录（2004）》无危（LC）物种。

[分布情况] 中国为主要分布区，分布于湖北、广西、贵州、湖南、四川、陕西、云南等。在后河保护区分布于百溪河、老屋场等，所见频率中等。

嘉翠蛱蝶 Euthalia kardama

[目] 鳞翅目 Lepidoptera

[科] 蛱蝶科 Nymphalidae

[形态特征] 大型蝴蝶。雌蝶体长30.0～33.0mm，翅展86.0～93.0 mm；雄蝶体长26.0～30.0mm，翅展68.0～72.0mm。触角长，锤状，上有鳞片，锤端部橘红色。前翅顶角不尖，翅墨绿色；前翅斜斑列白色，略呈绿色，有黑色的边缘线。翅反面绿白色至灰褐色。

[生活习性] 喜在日光下活动，飞翔迅速，但不持久，飞翔一段即落在树叶上，将翅展开。

[保护等级]《中国物种红色名录（2004）》无危（LC）物种。

[分布情况] 中国特有种，分布于湖北、四川、云南、陕西、浙江、福建、甘肃等。在后河保护区分布于百溪河、野猫岔、老屋场等，所见频率中等。

嘉翠蛱蝶 *Euthalia kardama*

卡环蛱蝶 Neptis cartica

卡环蛱蝶 Neptis cartica

[目] 鳞翅目 Lepidoptera

[科] 蛱蝶科 Nymphalidae

[形态特征] 前翅正面底色黑色或黑褐色，斑纹白色；外缘波状，黑白相间，中间凹入。前翅反面底色棕黄色，斑纹白色；外缘斑及亚外缘斑清晰。

[生活习性] 幼虫主要以多种壳斗科植物为寄主。

[保护等级]《中国物种红色名录（2004）》近危（NT）物种。

[分布情况] 中国为次要分布区，分布于湖北、浙江等。在后河保护区分布于百溪河等，所见频率中等。

枯叶蛱蝶 *Kallima inachus*

枯叶蛱蝶 *Kallima inachus*

[目] 鳞翅目 Lepidoptera

[科] 蛱蝶科 Nymphalidae

[形态特征] 翅褐色或紫褐色,有藏青色光泽。前翅顶角尖锐,斜向外上方,中域有1条宽阔的橙黄色斜带,亚顶部和中域各有1个白点。后翅脉伸长成尾状。两翅亚缘各有1条深色波线。翅反面呈枯叶色,静息时从前翅顶角到后翅臀角处有1条深褐色的横线,加上几条斜线,酷似叶脉,是蝶类中的拟态典型。

[生活习性] 以腐烂水果、阔叶树干虫蛀伤口流出的树液和动物粪便作为补充营养物。

[保护等级]《中国物种红色名录(2004)》无危(LC)物种。

[分布情况] 在国内分布于湖北、陕西、四川、江西、湖南、浙江、福建、广西、广东、云南、西藏、海南、台湾等。在后河保护区分布于百溪河等,所见频率较低。

连纹黛眼蝶 *Lethe syrcis*

连纹黛眼蝶 Lethe syrcis

[目] 鳞翅目 Lepidoptera

[科] 蛱蝶科 Nymphalidae

[形态特征] 翅褐黄色。前翅近外缘有淡色宽带；后翅有4个圆形黑斑，围有暗黄色圈。翅反面颜色较正面浅。外缘线、中横线及近基横线明显且直，其中，前两者长，贯穿整个前翅；后翅亚外缘具6枚眼斑，呈弧形排列，末两枚相连，所有眼斑瞳点白色，眼眶宽，黄色；眼斑列外侧具褐色不规则带纹。

[生活习性] 成虫不访花，喜欢吸树汁。飞行路线多变，常活动于林缘。

[保护等级]《中国物种红色名录（2004）》无危（LC）物种。

[分布情况] 中国特有种，分布于湖北、黑龙江、陕西、江西、河南、福建、广西等。在后河保护区所见频率较低。

链环蛱蝶 Neptis pryeri

[目] 鳞翅目 Lepidoptera

[科] 蛱蝶科 Nymphalidae

[形态特征] 翅面黑色，斑纹白色且窄。前翅上、下外带的外侧有多个白斑；中室端部下方有4个白斑排成弧形，近顶角处有白斑4枚。后翅有2条白色带纹。

[生活习性] 寄主为蔷薇科绣线菊属植物。

[保护等级]《中国物种红色名录（2004）》无危（LC）物种。

[分布情况] 中国为主要分布区，分布于湖北、吉林、四川、陕西、河南、江苏、甘肃、山西、上海、安徽、浙江、湖南、江西、福建、广东、重庆、贵州、新疆、台湾等。在后河保护区分布于百溪河、康家坪等，所见频率中等。

链环蛱蝶 Neptis pryeri

拟斑脉蛱蝶 Hestina persimilis

拟斑脉蛱蝶 Hestina persimilis

[目] 鳞翅目 Lepidoptera

[科] 蛱蝶科 Nymphalidae

[形态特征] 中型蛱蝶。有多型现象，翅色为灰褐色或黑褐色。淡色型：前、后翅背面灰绿色，仅翅脉为黑色的条纹，翅脉间点缀灰白色斑点。深色型：前、后翅背面黑褐色，翅脉间饰有许多白色斑纹；后翅中室有柳叶状白斑，外缘及内侧有白色斑列。

[生活习性] 幼虫以榆科植物为寄主。

[保护等级]《中国物种红色名录（2004）》无危（LC）物种。

[分布情况] 在国内分布于湖北、河北、陕西、河南、福建、浙江、云南、广西、台湾等。在后河保护区分布于百溪河等，所见频率较低。

朴喙蝶 *Libythea lepita*

朴喙蝶 Libythea lepita

[目] 鳞翅目 Lepidoptera

[科] 蛱蝶科 Nymphalidae

[形态特征] 中型喙蝶，雌雄同型。前翅顶角突出呈镰刀的端钩，后翅外缘锯齿状。翅黑褐色。前翅近顶角有3个小白斑，中室内有1个钩状红褐斑。后翅中部有1条红褐色横带，后翅反面灰褐色，中室有1个小黑点。

[生活习性] 幼虫以朴树为食。

[保护等级] 无。

[分布情况] 在国内分布于湖北、北京、辽宁、河北、山西、陕西、甘肃、河南、浙江、福建、四川、广西、台湾等。在后河保护区分布于百溪河等，所见频率中等。

虬眉带蛱蝶 *Athyma opalina*

虬眉带蛱蝶 *Athyma opalina*

[目] 鳞翅目 Lepidoptera

[科] 蛱蝶科 Nymphalidae

[形态特征] 体连翅长：雄性6.5mm左右，雌性6.9mm左右。翅正面黑褐色，斑纹白色。前翅中室内条纹断成4段，亚缘斑只顶角及臀角存在。后翅中横带前宽后窄，外横带显著。翅反面红褐色，后翅肩区比正面多1条白纹。

[生活习性] 植食性昆虫。

[保护等级]《中国物种红色名录（2004）》无危（LC）物种。

[分布情况] 在国内分布于湖北、海南、广东、福建、台湾、浙江、江西、四川、云南、西藏、河南、陕西等。在后河保护区分布于百溪河等，所见频率中等。

曲纹蜘蛱蝶 *Araschnia doris*

[目] 鳞翅目 Lepidoptera

[科] 蛱蝶科 Nymphalidae

[形态特征] 前翅正面底色黑色或黑褐色,斑纹白色;外缘波状,中间凹入。翅反面底色棕黄色,斑纹白色。亚外缘斑顶部及中部模糊,亚顶区2个斑纹,中室条与侧室条相隔开,中域斑列近"V"形。反面底色棕黄色,斑纹白色,亚外缘斑清晰,中部无斑,其余同正面。

[生活习性] 寄主植物为荨麻。

[保护等级]《中国物种红色名录(2004)》无危(LC)物种。

[分布情况] 中国特有种,分布于湖北、陕西、河南、四川、浙江、福建等。在后河保护区分布于老屋场、百溪河等,所见频率中等。

曲纹蜘蛱蝶 *Araschnia doris*

散纹盛蛱蝶 Symbrenthia lilaea

散纹盛蛱蝶 *Symbrenthia lilaea*

[目] 鳞翅目 Lepidoptera

[科] 蛱蝶科 Nymphalidae

[形态特征] 前翅顶角有1个小红斑,前外斜带和后外斜带常中断。翅反面,前翅自亚顶端斜向后缘中央有棕褐色带,后翅自前缘中央分叉伸向臀缘1粗1细横带。翅面另有不规则的波状线及较规则的中外波状横纹交织在一起。

[生活习性] 寄主植物为密花苎麻、苎麻。

[保护等级]《中国物种红色名录(2004)》无危(LC)物种。

[分布情况] 中国为次要分布区,分布于湖北、江西、福建、广西、云南、台湾等。在后河保护区分布于百溪河等,所见频率较低。

丝链荫眼蝶 *Neope yama*

丝链荫眼蝶 *Neope yama*

[目] 鳞翅目 Lepidoptera

[科] 蛱蝶科 Nymphalidae

[形态特征] 翅面棕红褐色或紫黑色，前翅前缘亚端部有2个小白斑，前后翅外缘带棕黑色，前翅亚缘有4个，后翅有5个模糊的黑斑。前翅反面有5个眼状斑；后翅亚缘有7个眼状斑，肩角有1条斜横带或3个小斑。

[生活习性] 出没于林地和阴暗潮湿的地方。

[保护等级]《中国物种红色名录（2004）》无危（LC）物种。

[分布情况] 中国为次要分布区，分布于湖北、河南、陕西、四川、云南、浙江等。在后河保护区分布于关岔湾等，所见频率中等。

小红蛱蝶 Vanessa cardui

小红蛱蝶 Vanessa cardui

[目] 鳞翅目 Lepidoptera

[科] 蛱蝶科 Nymphalidae

[形态特征] 色彩鲜艳，花纹复杂。触角笔直，呈棒状。前翅中域3个黑斑相连，反面无完整的黑色外缘带。后翅端半部橘红色扩展至中室。前足相当退化，短小无爪。

[生活习性] 幼虫取食100多种植物，主要有菊科、紫草科、锦葵科、豆科等。成虫飞行迅速，在多种植物上吸蜜，特别是菊科植物。

[保护等级]《中国物种红色名录（2004）》无危（LC）物种。

[分布情况] 中国为次要分布区，全国广泛分布。在后河保护区分布于顶坪、界头等，所见频率中等。

小环蛱蝶 Neptis sappho

[目] 鳞翅目 Lepidoptera

[科] 蛱蝶科 Nymphalidae

[形态特征] 触角末端颜色淡。翅正面黑色，斑纹白色；前翅中室条近端部被暗色线切断；后翅中带约等宽，外侧带被深色翅脉隔开。翅反面棕红色，白色斑纹外缘无黑色外围线。

[生活习性] 幼虫以刺槐等为食。

[保护等级]《中国物种红色名录（2004）》无危（LC）物种。

[分布情况] 在国内分布于湖北、黑龙江、吉林、辽宁、北京、天津、山东、河南、陕西、宁夏、甘肃、四川、重庆、贵州、云南、江苏、安徽、浙江、江西、湖南、福建、广东、广西、香港、台湾及西藏南部等。在后河保护区分布于百溪河等，所见频率中等。

小环蛱蝶 *Neptis sappho*

秀蛱蝶 *Pseudergolis wedah*

秀蛱蝶 *Pseudergolis wedah*

[目] 鳞翅目 Lepidoptera

[科] 蛱蝶科 Nymphalidae

[形态特征] 翅正面赭色，前后翅中室内各有2个肾形环纹，前翅端半部有3条黑线，亚缘线内侧有等距排列的小黑点（前翅4个，后翅5个）。翅反面暗褐色，外缘线细，锯齿状，两边淡紫色，中域有2条黑褐色的波状宽带。

[生活习性] 幼虫的寄主为荨麻科水麻属植物。

[保护等级] 无。

[分布情况] 在国内分布于湖北、陕西、四川、云南、西藏等。在后河保护区分布于百溪河等，所见频率较低。

扬眉线蛱蝶 *Limenitis helmanni*

扬眉线蛱蝶 *Limenitis helmanni*

[目] 鳞翅目 Lepidoptera

[科] 蛱蝶科 Nymphalidae

[形态特征] 成虫翅展45.0～52.0mm。翅正面黑褐色，前翅中室内有1条纵的眉状白斑，斑近端部中断，端部一段向前尖出；中横白斑列在前翅弧形弯曲，在后翅带状，边缘不齐；前后翅的亚缘线在雄蝶翅上不明显。翅反面红褐色，后翅基部及臀区蓝灰色，翅面除白斑外各翅室有黑色斑或点，外缘线及亚缘线清晰。

[生活习性] 寄主植物为水马桑。

[保护等级]《中国物种红色名录（2004）》无危（LC）物种。

[分布情况] 中国为主要分布区，分布于湖北、黑龙江、山西、河南、陕西、甘肃、青海、新疆、江西、浙江、福建、四川等。在后河保护区分布于百溪河等，所见频率中等。

玉杵带蛱蝶 Athyma jina

玉杵带蛱蝶 Athyma jina

[目] 鳞翅目 Lepidoptera

[科] 蛱蝶科 Nymphalidae

[形态特征] 翅正面黑褐色，斑纹白色。前翅中室内有棒状纹，基部细而端部粗，近顶角有3个小白斑。后翅中横带宽，与肩区白纹及外横带不连接。

[生活习性] 寄主植物为忍冬科山银花。

[保护等级]《中国物种红色名录（2004）》无危（LC）物种。

[分布情况] 中国为主要分布区，分布于湖北、浙江、江西、福建、台湾、四川、云南、新疆等。在后河保护区分布于百溪河等，所见频率较高。

白斑眼蝶 *Penthema adelma*

[目] 鳞翅目 Lepidoptera

[科] 蛱蝶科 Nymphalidae

[形态特征] 翅黑色，斑纹乳白色。前翅正面亚外缘有2列小白点，外侧1列较小，6枚；内侧1列稍大，5枚；前缘中部斜向后角有1列大白斑，后3个最大，中室端也有1个大白斑。后翅正面亚外缘有1列白斑。

[生活习性] 寄主为淡竹（金竹、甘竹）等。

[保护等级]《中国物种红色名录（2004）》无危（LC）物种。

[分布情况] 中国特有种，分布于湖北、陕西、四川、浙江、江西、广西、台湾、福建、贵州、重庆等。在后河保护区分布于庙岭、野猫岔等，所见频率中等。

白斑眼蝶 *Penthema adelma*

玉带黛眼蝶 Lethe verma

玉带黛眼蝶 Lethe verma

[目] 鳞翅目 Lepidoptera

[科] 蛱蝶科 Nymphalidae

[形态特征] 翅正面黑褐色，中域有1条白色斜宽带，自前缘中部斜向后角，翅顶角有2个小白斑。翅反面除具备正面斑纹外，前翅顶角有眼状斑；后翅有淡色波曲的内线、中线、外缘及缘线，亚缘有6个眼状纹，黑色、橙框、白瞳，第一个很大，最后一个小（双瞳）。

[生活习性] 幼虫以禾本科植物为寄主。

[保护等级]《中国物种红色名录（2004）》无危（LC）物种。

[分布情况] 在国内分布于湖北、江西、广东、广西、海南、云南、台湾、四川等。在后河保护区分布于高岩河等，所见频率中等。

圆翅黛眼蝶 Lethe butleri

圆翅黛眼蝶 Lethe butleri

[目] 鳞翅目 Lepidoptera

[科] 蛱蝶科 Nymphalidae

[形态特征] 翅正面深褐色。前翅反面近顶角具一清晰黑色圆形眼斑，呈直线排列；眼斑列外侧两条外缘线褐色，呈波状；中室内有1条暗褐色横带，下面3个眼状斑退化。后翅反面亚外缘具7枚眼斑，呈弧形排列；中域有2条暗褐色横线，外侧1条到中室端向外弯曲，再沿眼状纹而下至臀角；眼斑瞳点白色，外圈黄色，有褐色环。

[生活习性] 幼虫以莎草科红果薹为食，成虫主要于夏、秋活动。

[保护等级]《中国物种红色名录（2004）》无危（LC）物种。

[分布情况] 中国特有种，分布于湖北、河南、浙江、江西、台湾等。在后河保护区分布于百溪河等，所见频率较高。

娑环蛱蝶 Neptis soma

娑环蛱蝶 Neptis soma

[目] 鳞翅目 Lepidoptera

[科] 蛱蝶科 Nymphalidae

[形态特征] 前翅正面底色黑色或黑褐色，斑纹白色或乳白色，斑纹较大，外缘波状，中间凹入；外缘斑模糊；亚顶区3个斑纹；中室条与侧室外相互隔开；中域斑纹近"V"形；中室内有1条眉状白斑，近端部中断。后翅正面底色同前翅正面，斑纹白色或乳白色，外缘波状，中间凹入；外缘带条形；亚外缘被深色翅脉隔开，近梯形；中线模糊；中横带起于前缘端部近1/2处，止于后缘基部。

[生活习性] 寄主植物为葛、多花紫藤、网脉崖豆藤、歪头菜。

[保护等级]《中国物种红色名录（2004）》无危（LC）物种。

[分布情况] 中国为次要分布区，分布于台湾、四川、云南。在后河保护区分布于野猫岔、百溪河等，所见频率中等。

白带褐蚬蝶 *Abisara fylloides*

[目] 鳞翅目 Lepidoptera

[科] 蚬蝶科 Riodinidae

[形态特征] 中型蚬蝶。翅背面深褐色。前翅端部常带2个白点，中央有黄色斜带。后翅中央有1个淡色纵斑，亚外缘有黑色眼斑列，部分外侧镶有1个白点。

[生活习性] 成虫喜在阳光下活动，飞翔迅速，但飞翔距离不远。在叶面上休息时，四翅呈半展开状。

[保护等级]《中国物种红色名录（2004）》无危（LC）物种。

[分布情况] 中国为主要分布区，分布于湖北、海南、福建、浙江、江西、云南、四川等。在后河保护区分布于百溪河等，所见频率中等。

白带褐蚬蝶 *Abisara fylloides*

波蚬蝶 *Zemeros flegyas*

波蚬蝶 *Zemeros flegyas*

[目] 鳞翅目 Lepidoptera

[科] 蚬蝶科 Riodinidae

[形态特征] 翅展34.0~45.0mm。翅面绯红褐色，脉纹色浅，有白点，在每个白点的内方均连有1个深褐色斑；前翅外缘波曲；后翅外缘在脉端突出呈角度。翅反面色淡，斑纹排列如翅正面，斑纹清晰。

[生活习性] 成虫常在林道两旁灌木间活动。

[保护等级]《中国物种红色名录（2004）》无危（LC）物种。

[分布情况] 在国内分布于湖北、浙江、江西、福建、广东、广西、海南、四川、云南、西藏等。在后河保护区分布于顶坪、核桃垭、百溪河等，所见频率较低。

波太玄灰蝶 Tongeia potanini

波太玄灰蝶 Tongeia potanini

[目] 鳞翅目 Lepidoptera

[科] 灰蝶科 Lycaenidae

[形态特征] 翅正面黑褐色，缘毛白色，间细黑线，无斑纹。尾突很长。翅反面灰白色，黑色斑纹发达，沿外缘有2列斑纹，前翅外列斑细小，后翅为甚大的圆点，各斑相连成弧形条纹；外横列粗大，前翅分成2段；后翅分成3段，中段靠外；前翅基半部无黑斑，后翅基部有3个小黑点，近臀角橙色，黑斑内银白色鳞有蓝绿色闪光。

[生活习性] 寄主为豆科植物。

[保护等级] 无。

[分布情况] 中国为次要分布区，分布于湖北、河南、陕西、四川、浙江等。在后河保护区分布于南山等，所见频率较低。

尖翅银灰蝶 Curetis acuta

尖翅银灰蝶 Curetis acuta

[目] 鳞翅目 Lepidoptera

[科] 灰蝶科 Lycaenidae

[形态特征] 翅黑褐色，前翅顶角钝尖，后翅臀角稍尖出。雄蝶前翅、后翅均有橙红色斑；雌蝶则为青白色斑。翅反面为银白色，后翅沿外缘各室有极细小的黑点列。

[生活习性] 多在低山、平地溪流旁栖息，飞翔迅速，常吸食动物粪便和腐果汁液。寄主植物有紫藤、胡枝子等。

[保护等级]《中国物种红色名录（2004）》无危（LC）物种。

[分布情况] 中国为主要分布区，分布于湖北、河南、陕西、浙江、江西、福建、海南、西藏、广西、四川、云南、台湾等。在后河保护区分布于百溪河、南山等，所见频率较低。

蓝灰蝶 *Cupido argiades*

[目] 鳞翅目 Lepidoptera

[科] 灰蝶科 Lycaenidae

[形态特征] 雄性翅青紫色，前翅外缘、后翅前缘与外缘褐色；雌性翅暗褐色，低温期前翅基后部与后翅外部出现青紫色。前翅反面灰白色，黑斑纹退化。后翅反面近基部有2个黑斑，外缘有2列淡褐色斑；臀角2个较大清晰，上有橙黄色斑。尾突白色，中间有黑色。

[生活习性] 寄主为荩草、豆科植物。

[保护等级] 无。

[分布情况] 在国内分布于湖北、黑龙江、河北、河南、山东、陕西、西藏、四川、云南、浙江、福建、江西、海南、台湾等。在后河保护区分布于顶坪等，所见频率较低。

蓝灰蝶 *Cupido argiades*

莎菲彩灰蝶 Heliophorus saphir

莎菲彩灰蝶 Heliophorus saphir

[目] 鳞翅目 Lepidoptera

[科] 灰蝶科 Lycaenidae

[形态特征] 中型灰蝶。雄蝶翅较短、圆，前后翅正面的前缘、外缘为黑色，其余部分为蓝紫色金属光泽；反面黄色至镉黄色，前翅亚外缘有模糊的暗色横带，后缘靠外有1个内侧带白线的黑色圆点，后翅外缘有发达的橙红色斑带，带内侧有清晰的黑、白二色的新月纹，靠基部有2个黑点，中室端有1条暗色短横带，外中区有1列由若干暗色短横线组成的外弧形横带。雌蝶翅正面褐色，前翅中部有1条橙红色斜带；翅反面斑纹与雄蝶相似。

[生活习性] 成虫喜欢在山林里活动。幼虫以蓼科的野荞麦、火炭母等植物为寄主。

[保护等级] 无。

[分布情况] 在国内分布于长江沿线地区。在后河保护区分布于百溪河、南山、大阴坡、王先念屋场等，所见频率中等。

酢浆灰蝶 *Pseudozizeeria maha*

酢浆灰蝶 *Pseudozizeeria maha*

[目] 鳞翅目 Lepidoptera

[科] 灰蝶科 Lycaenidae

[形态特征] 翅展20.0~25.0mm。眼上有毛。雄蝶翅正面淡青色，外缘黑色区较宽；雌蝶翅正面暗褐色，在翅基有青色鳞片。雄蝶翅反面灰青色，雌蝶反面灰褐色。外缘及中域各有1列弧形排列的黑斑。

[生活习性] 幼虫寄主为黄花酢浆草等酢浆草科植物。

[保护等级]《中国物种红色名录（2004）》无危（LC）物种。

[分布情况] 在国内分布于湖北、甘肃、浙江、江西、福建、广东、海南、广西、四川、台湾等。在后河保护区分布于百溪河、老屋场、窑湾岭、高岩河等，所见频率较高。

点玄灰蝶 Tongeia filicaudis

点玄灰蝶 Tongeia filicaudis

[目] 鳞翅目 Lepidoptera

[科] 灰蝶科 Lycaenidae

[形态特征] 翅正面黑褐色，斑纹不明显；反面灰白色。前翅反面外缘线黑色，亚外缘有2列黑点，每列各6个；中域前缘4个黑点排列1列，后缘2个排1行，中室端有1个黑点；中室内和下方各有1个黑点。后翅外缘有1条短细的尾状突起，外缘线黑色，亚外缘有2列黑点，室各有1个橙红色斑；中室外侧有3个黑点，黑色的中室端线上下各有2个黑点，内侧有1列黑点。

[生活习性] 寄主为景天科植物。

[保护等级]《中国物种红色名录（2004）》无危（LC）物种。

[分布情况] 中国特有种，分布于湖北、河南、山东、山西、四川、浙江、江西、台湾等。在后河保护区分布于茅坪等，所见频率较低。

白弄蝶 *Abraximorpha davidii*

[目] 鳞翅目 Lepidoptera

[科] 弄蝶科 Hesperiidae

[形态特征] 翅正面白色，前翅、后翅有黑色大斑。前翅正面前缘、顶角及外缘黑色，前缘室内保留有白色条纹，翅基部黑色，中室内1个纵白条，中室端部黑色，亚缘区有1列黑斑，亚顶区白色小斑排列不整齐。后翅正面基部黑色，外方有3列黑斑。

[生活习性] 寄主植物为红泡刺藤、粗叶悬钩子。

[保护等级]《中国物种红色名录（2004）》无危（LC）物种。

[分布情况] 在国内分布于湖北、深圳、广东、海南、台湾、云南、四川、湖南、江西、浙江、河南、山西、陕西、甘肃、福建、香港等。在后河保护区分布于高岩河等，所见频率中等。

白弄蝶 *Abraximorpha davidii*

黑弄蝶 *Daimio tethys*

黑弄蝶 *Daimio tethys*

[目] 鳞翅目 Lepidoptera

[科] 弄蝶科 Hesperiidae

[形态特征] 中型弄蝶。翅黑色，缘毛和斑纹白色。前翅顶角有3~5个小白斑，中域有5个大白斑。后翅正面中域有1条白色横带，其外缘有黑色圆点；后翅反面基半部白色，其上有数个小黑圆点。

[生活习性] 幼虫多取食薯蓣科和天南科植物。

[保护等级]《中国物种红色名录（2004）》无危（LC）物种。

[分布情况] 中国为主要分布区，分布于湖北、北京、黑龙江、吉林、辽宁、河北、山东、山西、甘肃、陕西、河南、浙江、湖南、江西、福建、海南、台湾、四川、云南等。在后河保护区分布于百溪河等，所见频率较低。

曲纹袖弄蝶 *Notocrypta curvifascia*

曲纹袖弄蝶 Notocrypta curvifascia

[目] 鳞翅目 Lepidoptera

[科] 弄蝶科 Hesperiidae

[形态特征] 大型种类。翅展39.0～46.0mm。翅正面深黑褐色，上翅中央具大块白斑，白斑与翅端间尚有数个小白点；翅反面黑褐色，白斑白点位置与翅正面相同。

[生活习性] 寄主为姜黄属植物。

[保护等级]《中国物种红色名录（2004）》无危（LC）物种。

[分布情况] 中国为次要分布区，分布于湖北、香港、台湾、浙江、四川、云南、深圳、广东等。在后河保护区分布于百溪河等，所见频率中等。

梳翅弄蝶 *Ctenoptilum vasava*

梳翅弄蝶 Ctenoptilum vasava

[目] 鳞翅目 Lepidoptera

[科] 弄蝶科 Hesperiidae

[形态特征] 翅红褐色。翅面有5个透明白斑组成的中带，有4个透明亚顶端纹，此外还分散有多个透明小点。后翅面中区有相连的透明斑排成挤紧的不规则的三横列。前后翅外缘中部呈突起状。

[生活习性] 具访花性，休息时翅平展。

[保护等级]《中国物种红色名录（2004）》无危（LC）物种。

[分布情况] 中国为次要分布区，分布于湖北、陕西、河南、浙江、江西、四川、河北、江苏、云南等。在后河保护区分布于百溪河等，所见频率较低。

旖弄蝶 *Isoteinon lamprospilus*

[目] 鳞翅目 Lepidoptera

[科] 弄蝶科 Hesperiidae

[形态特征] 成虫前翅长15.0～19.0mm。雄蝶翅正面黑褐色，外缘毛黑白色相间；前翅亚顶端有3个长方形小白斑，中域有4个方形透明白斑，构成一直线；后翅无纹。雄蝶翅反面黄褐色，前翅后半部黑色，斑纹与翅正面相同；后翅中室具黄色鳞毛，有9个银白色斑点，后8个排成1个圆圈，银斑周围有黑褐色边。雌蝶较雄蝶大，前翅外缘较圆，斑纹大而明显。

[生活习性] 寄主植物为禾本科的五节芒、白茅。

[保护等级]《中国物种红色名录（2004）》无危（LC）物种。

[分布情况] 中国为主要分布区，分布于湖北、浙江、江西、福建、台湾、广东、海南、广西、四川等。在后河保护区分布于南山、百溪河等，所见频率中等。

旖弄蝶 *Isoteinon lamprospilus*

直纹稻弄蝶 Parnara guttata

直纹稻弄蝶 Parnara guttata

[目] 鳞翅目 Lepidoptera

[科] 弄蝶科 Hesperiidae

[形态特征] 翅正面褐色；前翅具半透明白斑7～8个，排列成半环状；后翅中央有4个白色透明斑，排列成一直线。翅反面色淡，被有黄粉，斑纹和翅正面相似。

[生活习性] 幼虫吐丝结稻叶成苞，蚕食稻叶。

[保护等级]《中国物种红色名录（2004）》无危（LC）物种。

[分布情况] 在国内分布于湖北、河北、黑龙江、宁夏、甘肃、陕西、山东、河南、江苏、安徽、浙江、江西、湖南、福建、台湾、广东、广西、四川、贵州、云南等。在后河保护区分布于张家台、百溪河等，所见频率中等。

叶形多刺蚁 *Polyrhachis lamellidens*

叶形多刺蚁 *Polyrhachis lamellidens*

[目] 膜翅目 Hymenoptera

[科] 蚁科 Formicidae

[形态特征] 工蚁体长7.1~8.3mm。前胸背板侧角向外延伸成2个长刺，中胸背板有2个向侧后方的短刺，胸腹节亦有2个向侧后上方延伸的短刺。结节刺长而显眼，方向为侧后方。

[生活习性] 战斗力强大，喜掠夺其他蚂蚁的蚁卵。营地下巢，或于朽木、砖石下。

[保护等级] 无。

[分布情况] 在国内分布于湖北、陕西、广西、甘肃、江苏、浙江、安徽、四川、湖南、贵州、台湾、广东、香港等。在后河保护区分布于南山等，所见频率较低。

山大齿猛蚁 *Odontomachus monticola*

山大齿猛蚁 *Odontomachus monticola*

[目] 膜翅目 Hymenoptera

[科] 蚁科 Formicidae

[形态特征] 体红褐色，附肢黄褐色。正面观头多边形，头长大于头宽，侧缘复眼处明显突出，复眼处至前侧角的外缘中部凸，复眼处至头后侧缘中部凹陷，凹陷向正面斜向后延伸至中部的2/3；头后缘中部凹陷；头、并腹胸和结节毛被缺；足和后腹有一些长立毛，柔毛被稀目短；头侧光亮，具细密刻点；并腹胸细长，背板缝处凹陷，斜而很短；足细长，结节前面向后倾斜，后面直，顶端尖并向后弯形成长刺状；腹末有蛰针。

[生活习性] 可在土壤、地表、朽木内、枯枝落叶和石头下觅食，主要取食小型节肢动物和其他昆虫，为捕食性蚂蚁。

[保护等级] 无。

[分布情况] 在国内分布于湖北、陕西等。在后河保护区分布于南山等，所见频率中等。

印度侧异腹胡蜂 *Parapolybia indica*

[目] 膜翅目 Hymenoptera

[科] 胡蜂科 Vespidae

[形态特征] 雌蜂体长16.0mm左右；雄蜂体略小，体长14.0mm左右。触角窝之间棕色，略隆起。两复眼内缘黄色，额上半部暗棕色。前胸背板前缘隆起，两肩角明显，棕色。中胸背板深棕色，小盾片深棕色，后小盾片横带状，端部钝角突起，呈略浅的棕色。腹部第一节柄状，近端部处背板隆起，两侧棕色。

[生活习性] 社会性昆虫，有后蜂、雄蜂、职蜂之别。喜欢甜性物质，主要采食瓜果、花蜜和含糖的汁液，捕食鳞翅目、双翅目、直翅目、膜翅目、蜻蜓目等昆虫。

[保护等级] 无。

[分布情况] 在国内分布于湖北、江苏、浙江、江西、四川、福建、广东、云南等。在后河保护区分布于蝴蝶谷等，所见频率较低。

印度侧异腹胡蜂 *Parapolybia indica*

金环胡蜂 *Vespa mandarinia*

金环胡蜂 *Vespa mandarinia*

[目] 膜翅目 Hymenoptera

[科] 胡蜂科 Vespidae

[形态特征] 体长30.0~40.0mm。头部橘黄色；单眼棕色，呈倒三角形排列于两复眼顶部之间。翅棕色，前翅前缘色略深。腹部除第6节背、腹板全呈橙黄色外，其余各节背板均为棕黄色与黑褐色相间，各节均较光滑，均布有棕色毛。

[生活习性] 具有社会性行为的食肉性昆虫，具有食性广、取食量大、捕食迅捷等特点。

[保护等级] 无。

[分布情况] 在国内分布于湖北、云南、福建等。在后河保护区分布于百溪河等，所见频率中等。

斯马蜂 *Polistes snelleni*

斯马蜂 *Polistes snelleni*

[目] 膜翅目 Hymenoptera

[科] 蜾蠃科 Eumenidae

[形态特征] 雌蜂体长6.0~7.0mm，前翅长4.5~5.7mm。体黑色。胸部红褐色。腹部黄褐色。背瘤黑褐色。颜面宽稍大于长。腹部背板密布刻点，但各节背瘤光滑。并胸腹节黑色，两侧各有1个黄色纵斑。腹部第二背板有黄色横斑。

[生活习性] 寄生于园蛛、管巢蛛、线螯蛛、宽管巢蛛等。

[保护等级] 无。

[分布情况] 在国内分布于湖北、河北、山东、甘肃、浙江、江苏、江西、四川、云南、贵州、辽宁、内蒙古等。在后河保护区分布于独岭、老屋场等，所见频率中等。

中华蜜蜂 Apis cerana

中华蜜蜂 Apis cerana

[目] 膜翅目 Hymenoptera

[科] 蜜蜂科 Apidae

[形态特征] 雄性体长11.0～13.0mm，雌性体长10.0～13.0mm。体被浅黄色毛，单眼周围及颅顶被灰黄色毛。头部前端窄小；触角膝状；小盾片稍突起。后翅中脉分叉。颜面、触角鞭节及中胸黑色。腹部各节上均有黑环带。

[生活习性] 传粉昆虫。

[保护等级] 无。

[分布情况] 全国均有分布，云南、贵州、四川、广西、湖南、江西分布数量最多。在后河保护区分布于全区域等，所见频率高。

铜色隧蜂 *Halictus aerarius*

[目] 膜翅目 Hymenoptera

[科] 隧蜂科 Halictidae

[形态特征] 雄性体长7.0～8.0mm，雌性体长6.0～7.0mm。雌性铜黑色；唇基微隆起，端部中央凹陷；唇基、额唇基刻点中等大小，深而不均匀，刻点间光滑闪光。雄性似雌性，但细小；唇基端部具黄斑；触角长，伸达并胸腹节；触角鞭节下表面黄褐色；颜面密被浅灰色毛。

[生活习性] 采访植物为荆条、月季、三叶草、蜀葵、山兰、菊花等。

[保护等级] 无。

[分布情况] 在国内分布于湖北、陕西、黑龙江、吉林、辽宁、甘肃、河北、山西、山东、江苏、福建、台湾、云南等。在后河保护区分布于康家坪、高岩河等，所见频率中等。

铜色隧蜂 *Halictus aerarius*

驼腹壁泥蜂 Sceliphron deforme

驼腹壁泥蜂 *Sceliphron deforme*

[目] 膜翅目 Hymenoptera

[科] 泥蜂科 Sphecidae

[形态特征] 雌性体长18.0~20.0mm，雄性较小。体黑色；前胸背板后缘、小盾片一横斑、胸腹节两侧各一斑及后缘黄色；足黑褐色，但腿节下面、胫节背面黄褐色；腹部第2节后半、第3节及以后各节后缘黄；前翅橙黄色，透明，外缘稍暗。腹柄细长，等或长于腹部其余部分之和。

[生活习性] 分布于平地至低海拔山区，雌蜂筑巢于岩壁或房屋角落。

[保护等级] 无。

[分布情况] 在国内分布于湖北、四川、台湾等。在后河保护区分布于宝塔坡等，所见频率中等。

参考文献

曹天文, 张敏, 张建珍, 等. 大紫蛱蝶三个地理种群的RAPD遗传多样性分析[J]. 动物分类学报, 2005(01): 1–9.

陈汉林, 董丽云, 周传良, 等. 栎毛虫的生物学观察[J]. 江西植保, 2001(03): 65–67.

陈汉林, 王根寿. 黎氏青凤蝶的初步研究[J]. 森林病虫通讯, 1997(01): 35–36.

陈谦, 王强, 何家庆. 加拿大一枝黄花天敌: 白条银纹夜蛾的寄主专性研究[J]. 北京大学学报(自然科学版), 2016, 52(05): 776–784.

陈泽晗. 中国环蛱蝶族系统分类研究(鳞翅目: 蛱蝶科: 线蛱蝶亚科)[D]. 杨凌: 西北农林科技大学, 2015.

陈祯, 曹永, 周元清, 等. 虎斑蝶实验种群生物学特征研究[J]. 应用昆虫学报, 2017, 54(02): 279–291.

陈志平, 林曦碧, 郑宏, 等. 紫薇三种新害虫[J]. 中国森林病虫, 2020, 39(04): 30–33.

方健惠, 李秀山. 嘉翠蛱蝶的生物学特性初步观察[J]. 昆虫知识, 2004(06): 592–593.

方志刚, 王义平, 周凯, 等. 桑褐刺蛾的生物学特性及防治[J]. 浙江林学院学报, 2001(02): 65–68.

封永顺, 南红梅. 大豆豆荚野螟幼虫发生为害特点与防治对策[J]. 农业开发与装备, 2018(05): 181+187.

顾晓玲. 中国大叶蝉亚科系统分类研究(同翅目: 叶蝉科)[D]. 合肥: 安徽农业大学, 2003.

何思瑶. 中国重突天牛族Astathini分类和比较形态学研究[D]. 重庆: 西南大学, 2015.

黄潮龙, 郭井菲, 何康来, 等. 双斑青步甲的生物学特性及其成虫对草地贪夜蛾的捕食能力[J]. 植物保护学报, 2022, 49(05): 1493–1498.

黄启通. 黑弄蝶谱系地理学研究[D]. 广州: 华南农业大学, 2017.

李朝晖, 华春, 虞蔚岩, 等. 黑脉蛱蝶的生物学特性与生境调查[J]. 昆虫知识, 2008(05): 754–757+843.

梁茂龙, 蒋捷. 枯球箩纹蛾的初步研究[J]. 林业科学, 1986(01): 106–109.

孟凡明, 梁醒财. 长壮蝎蝽假死行为的初步研究[J]. 云南农业大学学报(自然科学版), 2010, 25(02): 207–212.

倪俊强, 杨茂发, 孟泽洪. 凹大叶蝉属分类研究进展[J]. 贵州农业科学, 2010, 38(11): 143–147.

蒲正宇, 史军义, 姚俊, 等. 箭环蝶营养成分分析[J]. 中国农学通报, 2014, 30(09): 307–310.

潜祖琪, 童雪松. 黑紫蛱蝶与大紫蛱蝶幼期形态区别[J]. 昆虫知识, 1999(01): 34–35.

沈雪林. 河南叶蝉分类、区系及系统发育研究[D]. 苏州: 苏州大学, 2009.

苏俊燕. 中国丽花萤属比较形态与系统发育研究(鞘翅目: 花萤科)[D]. 保定: 河北大学, 2016.

谭世喜, 钟英, 李新等. 褐缘蛾蜡蝉的发生及防治措施[J]. 蚕桑茶叶通讯, 2007(05): 39.

万永勤. 中国扇蟌科分类学研究(蜻蜓目: 均翅亚目)[D]. 汉中: 陕西理工大学, 2016.

王继良. 中国伪瓢虫科部分类群分类研究(鞘翅目: 扁甲总科)[D]. 保定: 河北大学, 2011.

王佳丽, 马国飞, 余辉亮等. 神农架发现油岭蛄和程氏网翅蝉两种蝉科昆虫[J]. 湖北林业科技, 2023, 52(03): 84–87.

王旭. 中国蝉亚科系统分类研究(半翅目: 蝉科)[D]. 杨凌: 西北农林科技大学, 2018.

卫松山. 蟪蛄(半翅目: 蝉科)性选择行为研究[D]. 杨凌: 西北农林科技大学, 2020.

魏中华. 中国潜吉丁属分类学研究(鞘翅目: 吉丁总科: 窄吉丁亚科)[D]. 南充: 西华师范大学, 2017.

项兰斌. 中国灰尺蛾亚科11属系统分类学研究(鳞翅目:尺蛾科)[D]. 荆州:长江大学, 2018.
徐丹. 中国阔野螟属的分子系统学研究[D]. 重庆:西南大学, 2016.
徐丽君. 中国阔野螟属和卷叶野螟属分类研究(鳞翅目:螟蛾总科:斑野螟亚科)[D]. 重庆:西南大学, 2015.
徐钦, 李文博, 刘乃一, 等. 安徽省天牛科二新记录种[J]. 生物学杂志, 2018, 35(01): 73–74.
徐源. 中国分爪负泥虫属分类研究(鞘翅目:叶甲科:负泥虫亚科)[D]. 芜湖:安徽师范大学, 2021.
杨帆, 望勇, 王攀, 等. 十字花科蔬菜害虫菜螟的识别与防治[J]. 长江蔬菜, 2021(11): 49–50.
杨汉波, 张蕊, 宋平, 等. 木荷主要传粉昆虫的传粉行为[J]. 生态学杂志, 2017, 36(05): 1322–1329.
杨星科. 窝额萤叶甲属小志(鞘翅目:叶甲科:萤叶甲亚科)[J]. 昆虫分类学报, 1993(03): 219–224.
尹健, 熊建伟, 陈利军, 等. 颠茄草害虫瘤缘蝽的初步研究[J]. 安徽农业科学, 2007(23): 7052–7053.
余方北, 余克胜. 中国虎尺蛾研究初报[J]. 森林病虫通讯, 1990(04): 6–7.
余志祥, 杨永琼, 刘军, 等. 灰翅串珠环蝶对攀枝花苏铁的危害及其防治[J]. 四川林业科技, 2009, 30(03): 80–84.
袁勤. 我国的珍稀昆虫:拉步甲[J]. 生物学通报, 2006(11): 59.
张建强. 暗翅筒天牛的生物学特性及空间格局[J]. 西南交通大学学报, 2002(04): 353–356.
张梦靖. 中国黑缟蝇属分类研究(双翅目:缟蝇科)[D]. 呼和浩特:内蒙古农业大学, 2019.
张新民. 世界横脊叶蝉亚科系统分类研究(半翅目:叶蝉科)[D]. 杨凌:西北农林科技大学, 2011.；
支华, 徐芳玲, 张勇, 等. 贵阳市樱花新害虫:樱红肿角天牛的记录及发生特征[J]. 中国森林病虫, 2018, 37(03): 7–9.
周体英, 许维谨, 钟国庆. 二尾蛱蝶的初步研究[J]. 森林病虫通讯, 1983(04): 26.
周尧, 姚渭. 中国斑蝉族的研究(同翅目:蝉科)[J]. 昆虫分类学报, 1985(02): 123–137.
朱天文, 刘良源. 大翅绢粉蝶生物学特性观察和防治[J]. 江西科学, 2017, 35(06): 864–866.

引用网站：
· 国家动物标本资源库 http://museum.ioz.ac.cn/index.html
· 物种评估与保护 http://protection.especies.cn/
· 中国动物主题数据库 http://www.zoology.csdb.cn/
· 中国生物志库·动物 https://species.sciencereading.cn/biology/v/botanyIndex/122/DW.html
· 百度文库 https://wenku.baidu.com/view/ecfba109158884868762caaedd3383c4ba4cb402.html?_wkts_=1698668672972&bdQuery=昆虫的鉴定方法&needWelcomeRecommand=1

中文名索引

A

阿凹大叶蝉 096
阿环蛱蝶 319
暗翅筒天牛 161
黯环锹 129
傲白蛱蝶 320
奥科特比蝰 043

B

八星粉天牛 158
巴黎翠凤蝶 300
白斑宽广翅蜡蝉 100
白斑俳蛱蝶 321
白斑眼蝶 349
白带褐蚬蝶 353
白带网丛螟 222
白蜡绢须野螟 224
白弄蝶 361
白肾夜蛾 295
白条夜蛾 285
白尾灰蜻 018
白线篦夜蛾 296
白胸三刺角蝉 110
白珠鲁尺蛾 235
百合负泥虫 173
斑蝉 111
斑带丽沫蝉 105
斑股锹甲（华北亚种）130
斑透翅蝉 112
斑纹蝇 212
斑须蝽 065
斑衣蜡蝉 102
豹大蚕蛾 213
豹裳卷蛾 214
北方辉蝽 061
倍林斑粉蝶 314
比氏蹦蝗 039
碧凤蝶 301
波太玄灰蝶 355
波蚬蝶 354

C

彩虹吉丁 143
彩青尺蛾 236
菜蝽 066
残锷线蛱蝶 322
茶翅蝽 067
长角纹唇盲蝽 053
长尾管蚜蝇 204
长尾黄蟌 022
长羽瘤黑缟蝇 202
长壮蝎蝽 044
超桥夜蛾 293
陈氏分爪负泥虫 185
程氏网翅蝉 114
橙带突额叶蝉 098
橙带肿角拟花萤 147
橙黑纹野螟 225
橙黄豆粉蝶 309
赤腹栉角萤 148
窗耳叶蝉 099
粗角网蝽 094
翠蓝眼蛱蝶 323

D

大斑豹纹尺蛾 245
大斑尖枯叶蛾 253
大斑外斑腿蝗 042
大背天蛾 262
大翅绢粉蝶 310
大稻缘蝽 092
大端黑萤 151
大二尾蛱蝶 324
大红蛱蝶 325
大黄缀叶野螟 226
大头金蝇 210
大须喙象 198
大燕蛾 251
大紫蛱蝶 326
丹日明夜蛾 279
淡灰瘤象 199
淡银纹夜蛾 282
稻纵卷叶螟 230

点蟌 069
点蜂缘蝽 093
点玄灰蝶 360
东方菜粉蝶 311
东方粗股蚜蝇 208
东方蝼蛄 030
东方凸额蝗 040
东亚毛肩长蝽 081
豆荚野螟 227
短角外斑腿蝗 041
短铃钩蛾 247
短毛斑金龟 133
断眉线蛱蝶 318

E

二尾蛱蝶 327

F

方斑墨蚜蝇 206
方带溪蟌 021
斐豹蛱蝶 328
芬氏羚野螟 228
峰疣蝽 063

G

甘薯蜡龟甲 178
柑橘凤蝶 302
钩殊角萤叶甲 186
光沟异丽金龟 136
光眉刺蛾 216
广腹同缘蝽 086
蒿龟甲 179
蒿金叶甲 187

H

核桃美舟蛾 272
褐带东灯蛾 287
褐带蛾 257
褐莫缘蝽 091
褐缺口尺蛾 237
褐伊缘蝽 056
褐缘蛾蜡蝉 103

黑斑丽沫蝉 108	蟋蟀 113	栎黄枯叶蛾 254
黑额光叶甲 174		栎距钩蛾 248
黑跗瓢萤叶甲 196	**J**	连纹黛眼蝶 336
黑负葬甲 126	姬缺角天蛾 263	链环蛱蝶 337
黑角瘤筒天牛 171	嘉翠蛱蝶 333	两点赤锯锹 131
黑角露螽 035	尖翅银灰蝶 356	亮盾蝽 077
黑绢斑蝶 329	尖角普蝽 070	菱斑食植瓢虫 155
黑脉蛱蝶 330	箭环蝶 316	翎壶夜蛾 290
黑弄蝶 362	洁尺蛾 239	琉璃尺蛾 233
黑蕊舟蛾 273	截叶糙颈螽 036	琉璃突眼虎甲 117
黑条波萤叶甲 188	金斑虎甲 118	瘤鼻象蜡蝉 104
黑纹粉蝶 312	金凤蝶 308	瘤缘蝽 084
黑胸大蠊 026	金环胡蜂 370	柳树潜吉丁 146
黑长头肖叶甲 175	金绿宽盾蝽 075	六斑绿虎天牛 162
黑足黑守瓜 189	金裳凤蝶 303	六斑异瓢虫 153
红角辉蝽 060	金梳龟甲 176	绿豹蛱蝶 317
红头豆芫菁 157	金掌夜蛾 281	绿背覆翅螽 037
红胸窗萤 149	锦舟蛾 269	绿缘扁角叶甲 182
红玉蝽 068	橘褐枯叶蛾 255	
红缘猛猎蝽 047	橘红丽沫蝉 107	**M**
红晕散纹夜蛾 283	巨蝽 078	毛魔目夜蛾 297
红足壮异蝽 079	锯齿叉趾铁甲 180	毛拟狭扇蟋 024
胡桃豹夜蛾 275		霉巾夜蛾 292
虎斑蝶 315	**K**	美丽毛盾盲蝽 054
虎甲蛉蟋 032	卡环蛱蝶 334	棉花弧丽金龟 138
花边星齿蛉 116	开环缘蝽 055	木橑尺蛾 240
华丽花萤 142	枯球箩纹蛾 260	苜蓿多节天牛 163
环斑猛猎蝽 048	枯叶蛱蝶 335	
环胫黑缘蝽 089	宽碧蝽 071	**N**
环夜蛾 294	宽带美凤蝶 299	尼泊尔覆葬甲 128
黄腹拟大萤叶甲 184	宽带青凤蝶 304	泥红槽缝叩甲 140
黄环粗股蚜蝇 209	宽棘缘蝽 085	拟斑脉蛱蝶 338
黄基东螳蛉 115	宽铁同蝽 057	拟蜡天牛 172
黄基粉尺蛾 238		鸟粪象鼻虫 200
黄角尸葬甲 127	**L**	
黄面横脊叶蝉 097	拉步甲 119	**P**
黄蜻 020	蓝边矛丽金龟 137	朴喙蝶 339
黄色凹缘跳甲 190	蓝翅瓢萤叶甲 191	
黄帅蛱蝶 331	蓝灰蝶 357	**Q**
黄纹银草螟 223	蓝胸圆肩叶甲 192	歧尾鼓鸣螽 034
黄纹长腹扇蟋 023	朗短椭龟甲 181	浅翅凤蛾 252
黄斜带毒蛾 288	梨娜刺蛾 217	青凤蝶 306
黄胸圆纹吉丁 144	梨片蟋 031	青辐射尺蛾 241
黄修虎蛾 280	黎氏青凤蝶 305	虬眉带蛱蝶 340
灰翅串珠环蝶 332	丽绿刺蛾 218	曲带弧丽金龟 135
灰带管蚜蝇 203	丽纹广翅蜡蝉 101	曲纹袖弄蝶 363
灰绿片尺蛾 246	丽眼斑螳 029	曲纹蜘蛱蝶 341

缺角天蛾 ……………………267	桃红颈天牛 …………………166	旖弄蝶 ………………………365
	桃天蛾 ………………………265	异色灰蜻 ……………………019
R	桃蛀螟 ………………………229	异色瓢虫 ……………………154
绕环夜蛾 ……………………298	条背天蛾 ……………………261	银二星舟蛾 …………………274
日本蚤蝼 ……………………033	铜色隧蜂 ……………………373	银纹毛肖叶甲 ………………183
日榕萤叶甲 …………………193	铜胸纹吉丁 …………………145	印度侧异腹胡蜂 ……………369
肉食麻蝇 ……………………211	突背斑红蝽 …………………082	樱红肿角天牛 ………………168
	突肩蜣螂 ……………………080	鹰翅天蛾 ……………………264
	驼腹壁泥蜂 …………………374	疣突素猎蝽 …………………045
S		榆绿天蛾 ……………………266
三斑蕊夜蛾 …………………291	**W**	羽芒宽盾蚜蝇 ………………207
三斑特拟叩甲 ………………152	洼皮瘤蛾 ……………………277	玉斑凤蝶 ……………………307
三环苜蓿盲蝽 ………………051	弯角蝽 ………………………072	玉臂黑尺蛾 …………………244
三线钩蛾 ……………………249	王氏樗蚕蛾 …………………258	玉杵带蛱蝶 …………………348
散纹盛蛱蝶 …………………342	纹须同缘蝽 …………………087	玉带黛眼蝶 …………………350
桑褐刺蛾 ……………………219	无斑叶甲 ……………………177	圆翅黛眼蝶 …………………351
桑宽盾蝽 ……………………076		圆翅钩粉蝶 …………………313
桑树黄星天牛 ………………159	**X**	月肩莫缘蝽 …………………090
桑窝额萤叶甲 ………………194	细角瓜蝽 ……………………059	越南小丝螳 …………………028
莎菲彩灰蝶 …………………358	狭带条胸蚜蝇 ………………205	云舟蛾 ………………………270
山茶连突天牛 ………………164	狭领纹唇盲蝽 ………………052	
山大齿猛蚁 …………………368	弦月窗萤 ……………………150	**Z**
山稻蝗 ………………………038	小红蛱蝶 ……………………344	柞蚕 …………………………259
闪光苔蛾 ……………………289	小环蛱蝶 ……………………345	折纹殿尾夜蛾 ………………286
闪银纹刺蛾 …………………220	肖剑心银斑舟蛾 ……………271	赭缘犀猎蝽 …………………049
十三斑角胫叶甲 ……………195	辛氏星舟蛾 …………………268	直纹稻弄蝶 …………………366
梳翅弄蝶 ……………………364	星斑虎甲 ……………………121	中国虎尺蛾 …………………234
双斑青步甲 …………………120	秀蛱蝶 ………………………346	中国枯叶尺蛾 ………………232
双斑长跗萤叶甲 ……………197	悬铃木方翅网蝽 ……………095	中国癞象 ……………………201
双刺胸猎蝽 …………………046	旋夜蛾 ………………………278	中国螳瘤蝽 …………………050
双列圆龟蝽 …………………074	选彩虎蛾 ……………………284	中华扁锹甲 …………………132
双云尺蛾 ……………………242	削疣蝽 ………………………062	中华柄天牛 …………………169
丝链荫眼蝶 …………………343	雪尾尺蛾 ……………………243	中华岱蝽 ……………………064
斯马蜂 ………………………371		中华斧螳 ……………………027
四斑红蝽 ……………………083	**Y**	中华虎甲 ……………………123
四斑象沫蝉 …………………109	眼斑齿胫天牛 ………………167	中华蜜蜂 ……………………372
四斑原伪瓢虫 ………………156	艳双点螟 ……………………221	朱肩丽叩甲 …………………141
松栎枯叶蛾 …………………256	扬眉线蛱蝶 …………………347	蠋步甲 ………………………124
松墨天牛 ……………………165	洋麻圆钩蛾 …………………250	苎麻双脊天牛 ………………170
娑环蛱蝶 ……………………352	耶屁步甲 ……………………122	紫蓝曼蝽 ……………………073
梭毒隐翅虫 …………………125	叶形多刺蚁 …………………367	紫胸丽沫蝉 …………………106
	叶足扇螅 ……………………025	紫艳白星大天牛 ……………160
T	一点同缘蝽 …………………088	棕脊头鳃金龟 ………………139
台湾卷叶野螟 ………………231	伊锥同缘蝽 …………………058	酢浆灰蝶 ……………………359
台湾绒金龟 …………………134	漪刺蛾 ………………………215	
太平粉翠夜蛾 ………………276		

学名索引

A

Abisara fylloides ············ 353
Abraximorpha davidii ············ 361
Abscondita anceyi ············ 151
Acanthocoris scaber ············ 084
Acanthosoma labiduroides ············ 057
Acosmeryx anceus ············ 263
Acosmeryx castanea ············ 267
Adelphocoris triannulatus ············ 051
Agapanthia amurensis ············ 163
Agetocera deformicornis ············ 186
Agnidra scabiosa ············ 248
Agrypnus argillaceus ············ 140
Aiolocaria hexaspilota ············ 153
Amblychia angeronaria ············ 235
Ambulyx ochracea ············ 264
Anastathes parva ············ 164
Anomala laevisulcata ············ 136
Anoplophora albopicta ············ 160
Antheraea pernyi ············ 259
Anuga multiplicans ············ 286
Aphrodisium sinicum ············ 169
Apis cerana ············ 372
Aporia largeteaui ············ 310
Araschnia doris ············ 341
Argynnis paphia ············ 317
Argyreus hyperbius ············ 328
Aromia bungii ············ 166
Aspidimorpha sanctaecrucis ············ 176
Athyma jina ············ 348
Athyma opalina ············ 340
Aulacophora nigripennis ············ 189

B

Biston comitata ············ 242
Biston panterinaria ············ 240
Bothrogonia addita ············ 096
Botyodes principalis ············ 226
Brachyphora nigrovittata ············ 188
Brahmaea wallichii ············ 260
Bulbistridulous furcatus ············ 034

C

Callambulyx tatarinovi ············ 266
Callistethus plagiicollis ············ 137
Callopistria repleta ············ 283
Calyptra gruesa ············ 290
Campsosternus gemma ············ 141
Carabus lafossei ············ 119
Carbula crassiventris ············ 060
Carbula putoni ············ 061
Cassida fuscorufa ············ 179
Cazira frivaldskyi ············ 062
Cazira horvathi ············ 063
Cechenena lineosa ············ 261
Cerace xanthocosma ············ 214
Ceriagrion fallax ············ 022
Charagochilus angusticollis ············ 052
Charagochilus longicornis ············ 053
Chlaenius bioculatus ············ 120
Chlorophorus simillimus ············ 162
Chrysaeglia magnifica ············ 289
Chrysochroa fulgidissima ············ 143
Chrysolina aurichalcea ············ 187
Chrysomela collaris ············ 177
Chrysomya megacephala ············ 210
Cicindela chinensis ············ 123
Cletus schmidti ············ 085
Cnaphalocrocis medinalis ············ 230
Cnizocoris sinensis ············ 050
Coeliccia cyanomelas ············ 023
Colias fieldii ············ 309
Conogethes punctiferalis ············ 229
Copium japonicum ············ 094
Coptosoma bifarium ············ 074
Coraebus cloueti ············ 145
Coraebus sauteri ············ 144
Corythucha ciliata ············ 095
Cosmodela aurulenta ············ 118
Cosmoscarta bispecularis ············ 105
Cosmoscarta dorsimacula ············ 108
Cosmoscarta exultans ············ 106
Cosmoscarta mandarina ············ 107
Creobroter gemmatus ············ 029
Ctenoplusia albostriata ············ 285
Ctenoptilum vasava ············ 364
Cupido argiades ············ 357
Curetis acuta ············ 356
Cyclidia substigmaria ············ 250
Cyclommatus scutellaris ············ 129
Cylindera kaleea ············ 121
Cymatophoropsis trimaculata ············ 291

D

Dactylispa angulosa ············ 180
Daimio tethys ············ 362
Dalpada cinctipes ············ 064
Danaus genutia ············ 315
Delias berinda ············ 314
Dermatoxenus caesicollis ············ 199
Dolichus halensis ············ 124
Dolycoris baccarum ············ 065
Dudusa sphingiformis ············ 273

E

Edessena gentiusalis ············ 295
Eligma narcissus ············ 278
Eospilarctia lewisii ············ 287
Epicauta ruficeps ············ 157
Epicopeia hainesi ············ 252
Epidaus tuberosus ············ 045
Epilachna insignis ············ 155
Episomus chinensis ············ 201
Episparis liturata ············ 296
Episteme lectrix ············ 284
Epobeidia tigrata ············ 245
Erebus pilosa ············ 297
Eristalis cerealis ············ 203
Eristalis tenax ············ 204
Eucyclodes gavissima ············ 236
Euhampsonia sinjaevi ············ 268
Euhampsonia splendida ············ 274
Eumorphus quadriguttatus ············ 156
Euphaea decorata ············ 021
Eurydema dominulus ············ 066
Eusthenes robustus ············ 078

Euthalia kardama ⋯⋯⋯⋯⋯⋯⋯333
Evacanthus interruptus ⋯⋯⋯⋯⋯097

F
Fascellina chromataria ⋯⋯⋯⋯237
Fascellina plagiata ⋯⋯⋯⋯⋯⋯246
Faunis aerope ⋯⋯⋯⋯⋯⋯⋯⋯332
Fidia atra ⋯⋯⋯⋯⋯⋯⋯⋯⋯⋯175
Fleutiauxia armata ⋯⋯⋯⋯⋯⋯194

G
Gaeana maculata ⋯⋯⋯⋯⋯⋯⋯111
Gandaritis sinicaria ⋯⋯⋯⋯⋯⋯232
Gastropacha pardale ⋯⋯⋯⋯⋯255
Ginshachia elongata ⋯⋯⋯⋯⋯⋯269
Glyphocassis lepida ⋯⋯⋯⋯⋯⋯181
Gonepteryx amintha ⋯⋯⋯⋯⋯313
Gonioctena tredecimmaculata ⋯⋯195
Graphium cloanthus ⋯⋯⋯⋯⋯⋯304
Graphium leechi ⋯⋯⋯⋯⋯⋯⋯305
Graphium sarpedon ⋯⋯⋯⋯⋯⋯306
Graphomya maculata ⋯⋯⋯⋯⋯212
Gryllotalpa orientalis ⋯⋯⋯⋯⋯030
Gunungidia aurantiifasciata ⋯⋯⋯098

H
Halictus aerarius ⋯⋯⋯⋯⋯⋯⋯373
Halyomorpha halys ⋯⋯⋯⋯⋯⋯067
Harmonia axyridis ⋯⋯⋯⋯⋯⋯154
Helcyra superba ⋯⋯⋯⋯⋯⋯⋯320
Heliophorus saphir ⋯⋯⋯⋯⋯⋯358
Helophilus eristaloidea ⋯⋯⋯⋯205
Henicolabus giganteus ⋯⋯⋯⋯⋯198
Hestina assimilis ⋯⋯⋯⋯⋯⋯⋯330
Hestina persimilis ⋯⋯⋯⋯⋯⋯338
Hierodula chinensis ⋯⋯⋯⋯⋯⋯027
Homoeocerus dilatatus ⋯⋯⋯⋯⋯086
Homoeocerus striicornis ⋯⋯⋯⋯087
Homoeocerus unipunctatus ⋯⋯⋯088
Hoplistodera pulchra ⋯⋯⋯⋯⋯068
Humba cyanicollis ⋯⋯⋯⋯⋯⋯192
Hyalessa maculaticollis ⋯⋯⋯⋯112
Hygia lativentris ⋯⋯⋯⋯⋯⋯⋯089
Hylophilodes tsukusensis ⋯⋯⋯276

I
Intybia kishiii ⋯⋯⋯⋯⋯⋯⋯⋯147
Iotaphora admirabilis ⋯⋯⋯⋯⋯241
Iraga rugosa ⋯⋯⋯⋯⋯⋯⋯⋯215
Isoteinon lamprospilus ⋯⋯⋯⋯365

J
Junonia orithya ⋯⋯⋯⋯⋯⋯⋯323

K
Kallima inachus ⋯⋯⋯⋯⋯⋯⋯335
Krananda lucidaria ⋯⋯⋯⋯⋯⋯233

L
Laccoptera nepalensis ⋯⋯⋯⋯⋯178
Laccotrephes pfeiferiae ⋯⋯⋯⋯044
Lamprocoris roylii ⋯⋯⋯⋯⋯⋯077
Lasiotrichius succinctus ⋯⋯⋯⋯133
Ledra auditura ⋯⋯⋯⋯⋯⋯⋯099
Lelia decempunctata ⋯⋯⋯⋯⋯072
Leptocorisa acuta ⋯⋯⋯⋯⋯⋯092
Leptomantella tonkinae ⋯⋯⋯⋯028
Lethe butleri ⋯⋯⋯⋯⋯⋯⋯⋯351
Lethe syrcis ⋯⋯⋯⋯⋯⋯⋯⋯336
Lethe verma ⋯⋯⋯⋯⋯⋯⋯⋯350
Libythea lepita ⋯⋯⋯⋯⋯⋯⋯339
Lilioceris cheni ⋯⋯⋯⋯⋯⋯⋯185
Lilioceris lilii ⋯⋯⋯⋯⋯⋯⋯⋯173
Limenitis doerriesi ⋯⋯⋯⋯⋯⋯318
Limenitis helmanni ⋯⋯⋯⋯⋯347
Limenitis sulpitia ⋯⋯⋯⋯⋯⋯322
Linda atricornis ⋯⋯⋯⋯⋯⋯⋯171
Loepa oberthuri ⋯⋯⋯⋯⋯⋯⋯213
Lucanus maculifemoratus dybowskyi ⋯⋯⋯⋯⋯⋯⋯⋯⋯⋯⋯⋯130
Lycorma delicatula ⋯⋯⋯⋯⋯⋯102
Lyssa zampa ⋯⋯⋯⋯⋯⋯⋯⋯251

M
Macdunnoughia purissima ⋯⋯⋯282
Macrocilix mysticata ⋯⋯⋯⋯⋯247
Maladera formosae ⋯⋯⋯⋯⋯134
Maruca vitrata ⋯⋯⋯⋯⋯⋯⋯227
Marumba gaschkewitschii ⋯⋯⋯265
Megymenum gracilicorne ⋯⋯⋯059
Melanostoma mellinum ⋯⋯⋯⋯206
Menida violacea ⋯⋯⋯⋯⋯⋯⋯073
Meristoides grandipennis ⋯⋯⋯184
Metanastria hyrtaca ⋯⋯⋯⋯⋯253
Metatropis gibbicollis ⋯⋯⋯⋯⋯080
Minettia longipennis ⋯⋯⋯⋯⋯202
Miresa fulgida ⋯⋯⋯⋯⋯⋯⋯220
Miridiba castanea ⋯⋯⋯⋯⋯⋯139
Molipteryx fuliginosa ⋯⋯⋯⋯⋯091
Molipteryx lunata ⋯⋯⋯⋯⋯⋯090
Monochamus alternatus ⋯⋯⋯⋯165
Monolepta signata ⋯⋯⋯⋯⋯⋯197
Morphosphaera japonica ⋯⋯⋯193

N
Narosa fulgens ⋯⋯⋯⋯⋯⋯⋯216
Narosoideus flavidorsalis ⋯⋯⋯217
Necrodes littoralis ⋯⋯⋯⋯⋯⋯127
Neocerambyx oenochrous ⋯⋯⋯168
Neolethaeus dallasi ⋯⋯⋯⋯⋯081
Neope yama ⋯⋯⋯⋯⋯⋯⋯⋯343
Neopheosia fasciata ⋯⋯⋯⋯⋯270
Neptis ananta ⋯⋯⋯⋯⋯⋯⋯319
Neptis cartica ⋯⋯⋯⋯⋯⋯⋯334
Neptis pryeri ⋯⋯⋯⋯⋯⋯⋯⋯337
Neptis sappho ⋯⋯⋯⋯⋯⋯⋯345
Neptis soma ⋯⋯⋯⋯⋯⋯⋯⋯352
Nicrophorus concolor ⋯⋯⋯⋯⋯126
Nicrophorus nepalensis ⋯⋯⋯⋯128
Nolathripa lactaria ⋯⋯⋯⋯⋯⋯277
Notocrypta curvifascia ⋯⋯⋯⋯363
Notonagemia analis ⋯⋯⋯⋯⋯262
Numenes disparilis ⋯⋯⋯⋯⋯288

O
Oberea fuscipennis ⋯⋯⋯⋯⋯⋯161
Odontomachus monticola ⋯⋯⋯368
Oides bowringii ⋯⋯⋯⋯⋯⋯⋯191
Oides tarsata ⋯⋯⋯⋯⋯⋯⋯⋯196
Olenecamptus octopustulatus ⋯⋯158
Onomaus lautus ⋯⋯⋯⋯⋯⋯⋯054
Orientispa flavacoxa ⋯⋯⋯⋯⋯115
Orthetrum albistylum ⋯⋯⋯⋯⋯018
Orthetrum melania ⋯⋯⋯⋯⋯⋯019
Orybina regalis ⋯⋯⋯⋯⋯⋯⋯221
Ourapteryx nivea ⋯⋯⋯⋯⋯⋯243
Oxya agavisa ⋯⋯⋯⋯⋯⋯⋯⋯038

P
Paederus fuscipes ⋯⋯⋯⋯⋯⋯125
Palirisa cervina ⋯⋯⋯⋯⋯⋯⋯257

Palomena viridissima ··· 071	*Prosopocoilus astacoides blanchardi* ··· 131	*Symbrenthia lilaea* ··· 342
Palpita nigropunctalis ··· 224	*Protohermes costalis* ··· 116	*Syritta orientalis* ··· 208
Pantala flavescens ··· 020	*Psacothea hilaris* ··· 159	*Syritta pipiens* ··· 209
Papilio bianor ··· 301	*Pseudalbara parvula* ··· 249	
Papilio helenus ··· 307	*Pseudargyria interruptella* ··· 223	**T**
Papilio machaon ··· 308	*Pseudebulea fentoni* ··· 228	*Tarsolepis japonica* ··· 271
Papilio nephelus ··· 299	*Pseudergolis wedah* ··· 346	*Tegra novaehollandiae* ··· 037
Papilio paris ··· 300	*Pseudocopera ciliata* ··· 024	*Teliphasa albifusa* ··· 222
Papilio xuthus ··· 302	*Pseudozizeeria maha* ··· 359	*Tetraphala collaris* ··· 152
Paraglenea fortunei ··· 170	*Pygolampis bidentata* ··· 046	*Themus regalis* ··· 142
Paralebeda plagifera ··· 256	*Pyrocoelia formosana* ··· 149	*Therates fruhstorferi* ··· 117
Paraleprodera diophthalma ··· 167	*Pyrocoelia lunata* ··· 150	*Tiracola aureata* ··· 281
Parallelia maturata ··· 292		*Tolumnia latipes* ··· 069
Parantica melaneus ··· 329	**R**	*Tongeia filicaudis* ··· 360
Parapolybia indica ··· 369	*Rhopalus sapporensis* ··· 056	*Tongeia potanini* ··· 355
Parasa lepida ··· 218	*Ricanula pulverosa* ··· 101	*Trabala vishnou* ··· 254
Parasarpa albomaculata ··· 321	*Riptortus pedestris* ··· 093	*Trachys minutus* ··· 146
Parnara guttata ··· 366	*Ruidocollaris truncatolobata* ··· 036	*Traulia orientalis* ··· 040
Penthema adelma ··· 349	*Rusicada fulvida* ··· 293	*Tricentrus allabens* ··· 110
Periplaneta fuliginosa ··· 026		*Trichochrysea japana* ··· 183
Phaneroptera nigroantennata ··· 035	**S**	*Trigonidium cicindeloides* ··· 032
Pheropsophus jessoensis ··· 122	*Saigona fulgoroides* ··· 104	*Troides aeacus* ··· 303
Philagra quadrimaculata ··· 109	*Salurnis marginella* ··· 103	*Truljalia hibinonis* ··· 031
Physopelta gutta ··· 082	*Samia wangi* ··· 258	*Tyloptera bella* ··· 239
Physopelta quadriguttata ··· 083	*Sarbanissa flavida* ··· 280	*Tyspanodes striata* ··· 225
Physosmaragdina nigrifrons ··· 174	*Sarcophaga carnaria* ··· 211	
Phytomia zonata ··· 207	*Sasakia charonda* ··· 326	**U**
Pielomastax octavii ··· 043	*Sastragala esakii* ··· 058	*Urochela quadrinotata* ··· 079
Pieris canidia ··· 311	*Sceliphron deforme* ··· 374	*Uropyia meticulodina* ··· 272
Pieris melete ··· 312	*Sephisa princeps* ··· 331	
Pingasa ruginaria ··· 238	*Serrognathus titanus platymelus* ··· 132	**V**
Platycnemis phyllopoda ··· 025	*Setora postornata* ··· 219	*Vanessa cardui* ··· 344
Platycorynus parryi ··· 182	*Sinna extrema* ··· 275	*Vanessa indica* ··· 325
Platypleura kaempferi ··· 113	*Sinopodisma pieli* ··· 039	*Vespa mandarinia* ··· 370
Pochazia albomaculata ··· 100	*Sphedanolestes gularis* ··· 047	*Vesta impressicollis* ··· 148
Podontia lutea ··· 190	*Sphedanolestes impressicollis* ··· 048	
Poecilocoris druraei ··· 076	*Sphragifera sigillata* ··· 279	**X**
Poecilocoris lewisi ··· 075	*Spirama helicina* ··· 298	*Xandrames dholaria* ··· 244
Polistes snelleni ··· 371	*Spirama retorta* ··· 294	*Xanthabraxas hemionata* ··· 234
Polyneura cheni ··· 114	*Stenygrinum quadrinotatum* ··· 172	*Xenocatantops brachycerus* ··· 041
Polyrhachis lamellidens ··· 367	*Sternuchopsis trifida* ··· 200	*Xenocatantops humilis* ··· 042
Polyura eudamippus ··· 324	*Stichophthalma howqua* ··· 316	*Xya japonica* ··· 033
Polyura narcaea ··· 327	*Stictopleurus minutus* ··· 055	
Popilla mutans ··· 138	*Sycanus marginatus* ··· 049	**Z**
Popillia pustulata ··· 135	*Syllepte taiwanalis* ··· 231	*Zemeros flegyas* ··· 354
Priassus spiniger ··· 070		